1 複素数平面

複素数の絶対値

$z=a+bi$ のとき
$$|z|=|a+bi|=\sqrt{a^2+b^2}$$

複素数の和の図表示

$z=a+bi$, $w=p+qi$ とするとき, 点 $z+w$ は点 z を実軸方向に p, 虚軸方向に q だけ移動した点である。

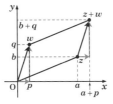

2点間の距離

複素数平面上の2点 z, w 間の距離は
$$|z-w|$$

2 複素数の極形式

複素数の極形式

複素数 z について, $r=|z|$, $\theta=\arg z$ とするとき
$$z=r(\cos\theta+i\sin\theta)$$

極形式による複素数の積

$z_1=r_1(\cos\theta_1+i\sin\theta_1)$,
$z_2=r_2(\cos\theta_2+i\sin\theta_2)$
のとき
$$z_1z_2=r_1r_2\{\cos(\theta_1+\theta_2)+i\sin(\theta_1+\theta_2)\}$$
すなわち
$$|z_1z_2|=|z_1||z_2|, \ \arg z_1z_2=\arg z_1+\arg z_2$$

極形式による複素数の商

$z_1=r_1(\cos\theta_1+i\sin\theta_1)$,
$z_2=r_2(\cos\theta_2+i\sin\theta_2)$
のとき
$$\frac{z_1}{z_2}=\frac{r_1}{r_2}\{\cos(\theta_1-\theta_2)+i\sin(\theta_1-\theta_2)\}$$
すなわち
$$\left|\frac{z_1}{z_2}\right|=\frac{|z_1|}{|z_2|}, \ \arg\frac{z_1}{z_2}=\arg z_1-\arg z_2$$

複素数の積の図表示

$w=r(\cos\theta+i\sin\theta)$ とするとき, 点 wz は, 点 z を原点のまわりに θ だけ回転し, 原点からの距離を r 倍した点である。

複素数の商の図表示

$w=r(\cos\theta+i\sin\theta)$ とするとき, 点 $\dfrac{z}{w}$ は, 点 z を原点のまわりに $-\theta$ だけ回転し, 原点からの距離を $\dfrac{1}{r}$ 倍した点である。

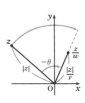

ド・モアブルの定理

n が整数のとき
$$(\cos\theta+i\sin\theta)^n=\cos n\theta+i\sin n\theta$$

3 複素数と平面図形

複素数と方程式の表す図形

(1) 点 α を中心とする半径 r の円
$$|z-\alpha|=r$$

(2) 2点 α, β を結ぶ線分の垂直二等分線
$$|z-\alpha|=|z-\beta|$$

2線分のなす角

(1) 複素数平面上の原点Oと異なる2点 $A(\alpha)$, $B(\beta)$ に対して
$$\angle AOB=\arg\beta-\arg\alpha=\arg\frac{\beta}{\alpha}$$

(2) 複素数平面上の異なる3点 $A(\alpha)$, $B(\beta)$, $C(\gamma)$ に対して
$$\angle BAC=\arg\frac{\gamma-\alpha}{\beta-\alpha}$$

3点の位置関係

複素数平面上の異なる3点 $A(\alpha)$, $B(\beta)$, $C(\gamma)$ について

A, B, C が一直線上にある
$$\Longleftrightarrow \frac{\gamma-\alpha}{\beta-\alpha}\ \text{が実数}$$

$$AB\perp AC \Longleftrightarrow \frac{\gamma-\alpha}{\beta-\alpha}\ \text{が純虚数}$$

1 2次曲線

① 楕円

$$\frac{x^2}{a^2} + \frac{y^2}{b^2} = 1 \quad (a > b > 0)$$

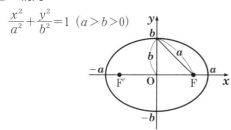

焦点 F, F′ は $(\pm\sqrt{a^2-b^2}, \ 0)$

楕円上の点 P に対して

$$PF + PF' = 2a$$

点 $(x_1, \ y_1)$ における接線は

$$\frac{x_1 x}{a^2} + \frac{y_1 y}{b^2} = 1$$

② 双曲線　$\dfrac{x^2}{a^2} - \dfrac{y^2}{b^2} = 1 \quad (a > 0, \ b > 0)$

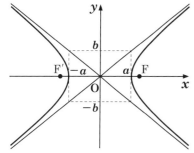

焦点 F, F′ は $(\pm\sqrt{a^2+b^2}, \ 0)$

双曲線上の点 P に対して

$$|PF - PF'| = 2a$$

漸近線は2直線 $y = \dfrac{b}{a}x, \ \ y = -\dfrac{b}{a}x$

点 $(x_1, \ y_1)$ における接線は

$$\frac{x_1 x}{a^2} - \frac{y_1 y}{b^2} = 1$$

③ 放物線　$y^2 = 4px$

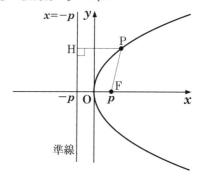

焦点 F は $(p, \ 0)$　　準線は直線 $x = -p$

放物線上の点 P に対して

$$PF = PH$$

点 $(x_1, \ y_1)$ における接線は

$$y_1 y = 2p(x + x_1)$$

2 媒介変数表示

① 円

$$x^2 + y^2 = r^2 \iff \begin{cases} x = r\cos\theta \\ y = r\sin\theta \end{cases}$$

② 楕円

$$\frac{x^2}{a^2} + \frac{y^2}{b^2} = 1 \iff \begin{cases} x = a\cos\theta \\ y = b\sin\theta \end{cases}$$

③ サイクロイド

$$\begin{cases} x = a(\theta - \sin\theta) \\ y = a(1 - \cos\theta) \end{cases}$$

3 極座標と極方程式

直交座標 $(x, \ y)$ と極座標 $(r, \ \theta)$ の関係

$$x = r\cos\theta$$
$$y = r\sin\theta$$
$$r = \sqrt{x^2 + y^2}$$

直線の極方程式

極 O を通り，始線とのなす角が α の直線

$$\theta = \alpha$$

点 $A(a, \ \theta_1)$ を通り，OA に垂直な直線

$$r\cos(\theta - \theta_1) = a \ (> 0)$$

2次曲線　$r = \dfrac{ae}{1 - e\cos\theta}$

$0 < e < 1$ のとき　楕円（円を含む）

$e = 1$ のとき　放物線

$e > 1$ のとき　双曲線

本書の使い方

POINT 1 　重要な用語や公式を簡潔にまとめています。

例 1 　各項目の代表的な問題です。解答の考え方や要点をよく理解してください。

1A 1B
例の解き方を確認しながら取り組んでください。
同じタイプの問題を左右2段に配置しています。
- 一度になるべく多くの問題に取り組みたい場合は，A・Bを同時に解きましょう。
- 二度目の反復練習を行いたい場合は，はじめにAだけを解き，その後Bに取り組んでください。

▼

ROUND 2 　教科書の応用例題レベルの反復演習まで進む場合に取り組んでください。

▼

演習問題 　各章の最後にある難易度の高い問題です。教科書の思考力PLUS・章末問題レベルの応用力を身に付けたい場合に取り組んでください。例題で解法を確認してから問題を解いてみましょう。

目次

1 ベクトルとその意味

▶教 p.4〜5

POINT 1
ベクトル

有向線分 向きを考えた線分。有向線分 **AB** において，**A** を始点，**B** を終点という。

ベクトル 有向線分の位置を問題にしないで，その向きと大きさだけに着目した量。有向線分 **AB** で表されるベクトルを $\overrightarrow{AB}$ と書く。有向線分の長さをベクトルの大きさまたは長さといい，$|\overrightarrow{AB}|$ で表す。
$\vec{a}$ と $\vec{b}$ の向きが同じで大きさも等しいとき，2 つのベクトル $\vec{a}$, $\vec{b}$ は等しいといい，$\vec{a} = \vec{b}$ と表す。

単位ベクトル 大きさ 1 のベクトル

逆ベクトル $-\vec{a}$ $\vec{a}$ と向きが反対で，大きさが等しいベクトル

例 1 右の平行四辺形 ABCD において，次の問いに答えよ。
(1) $\overrightarrow{BA}$ と等しいベクトルを求めよ。
(2) $\overrightarrow{BC}$ の逆ベクトルをすべて求めよ。

解答 (1) $\overrightarrow{CD}$ (2) $\overrightarrow{CB}$, $\overrightarrow{DA}$

1A 右の長方形 ABCD において，次の問いに答えよ。
(1) $\overrightarrow{DA}$ と等しいベクトルを求めよ。

(2) $\overrightarrow{CD}$ の逆ベクトルをすべて求めよ。

1B 右の平行四辺形 ABCD において，次の問いに答えよ。
(1) $\overrightarrow{BC}$ と等しいベクトルを求めよ。

(2) $\overrightarrow{AB}$ の逆ベクトルをすべて求めよ。

2A 下の図において，次のようなベクトルの組を求めよ。

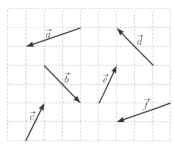

(1) 等しいベクトル

(2) 互いに逆ベクトル

2B 下の図において，次のようなベクトルの組を求めよ。

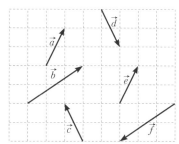

(1) 等しいベクトル

(2) 互いに逆ベクトル

2　ベクトルの演算

POINT 2　ベクトルの加法

$$\overrightarrow{AB} + \overrightarrow{BC} = \overrightarrow{AC}$$

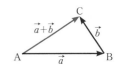

例 2　2つのベクトル $\vec{a}$, $\vec{b}$ について，$\vec{a} + \vec{b}$ を図示せよ。

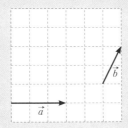

解答

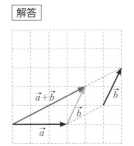

3A　下の図において，$\vec{a} + \vec{b}$ を図示せよ。

(1)

(2)

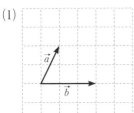
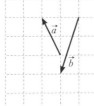

3B　下の図において，$\vec{a} + \vec{b}$ を図示せよ。

(1)

(2)

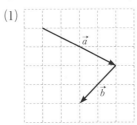
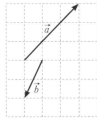

POINT 3　ベクトルの減法

ベクトルの差　$\overrightarrow{OA} - \overrightarrow{OB} = \overrightarrow{BA}$　　$\vec{a} - \vec{b} = \vec{a} + (-\vec{b})$

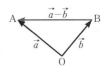

例 3　2つのベクトル $\vec{a}$, $\vec{b}$ について，$\vec{a} - \vec{b}$ を図示せよ。

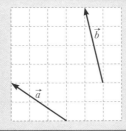

解答

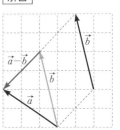

4A　下の図において，$\vec{a} - \vec{b}$ を図示せよ。

(1)

(2)

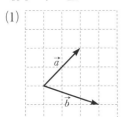
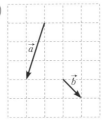

4B　下の図において，$\vec{a} - \vec{b}$ を図示せよ。

(1)

(2)

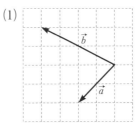

(i) $\vec{a} \neq \vec{0}$ のとき

[1] $k > 0$

[2] $k < 0$

[3] $k = 0$
$k\vec{a}$ は $\vec{0}$ とする
すなわち
$0\vec{a} = \vec{0}$

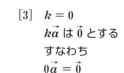

$k\vec{a}$ は $\vec{a}$ と同じ向きで，
大きさが $|\vec{a}|$ の k 倍

$k\vec{a}$ は $\vec{a}$ と反対向きで，
大きさが $|\vec{a}|$ の $|k|$ 倍

(ii) $\vec{a} = \vec{0}$ のとき
任意の実数 k に対して　$k\vec{0} = \vec{0}$

例4　右の図のベクトル $\vec{a}$, $\vec{b}$ について，次のベクトルを図示せよ。

(1) $2\vec{a}$　　(2) $-3\vec{b}$　　(3) $2\vec{a} + \vec{b}$

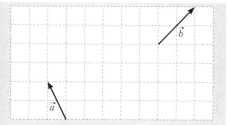

解答

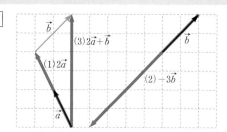

5A 下の図のベクトル $\vec{a}$, $\vec{b}$ について，次の
ベクトルを図示せよ。

(1) $3\vec{a}$

(2) $-2\vec{b}$

(3) $3\vec{a} + \vec{b}$

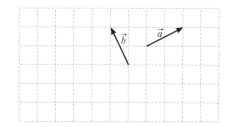

5B 下の図のベクトル $\vec{a}$, $\vec{b}$ について，次の
ベクトルを図示せよ。

(1) $-2\vec{a}$

(2) $3\vec{b}$

(3) $\vec{a} - 2\vec{b}$

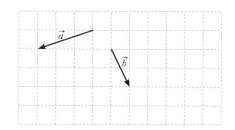

POINT 5
実数倍の計算法則

ベクトルの加法，減法，実数倍の計算は，文字式と同様に行うことができる。

[1] $k(l\vec{a}) = (kl)\vec{a}$ [2] $(k+l)\vec{a} = k\vec{a} + l\vec{a}$ [3] $k(\vec{a}+\vec{b}) = k\vec{a} + k\vec{b}$

例 5 次の計算をせよ。

(1) $4\vec{a} - 3\vec{a} + 2\vec{a}$ (2) $2(\vec{a} - 2\vec{b}) - (4\vec{a} + 3\vec{b})$

解答
(1) $4\vec{a} - 3\vec{a} + 2\vec{a} = (4 - 3 + 2)\vec{a} = 3\vec{a}$

(2) $2(\vec{a} - 2\vec{b}) - (4\vec{a} + 3\vec{b}) = 2\vec{a} - 4\vec{b} - 4\vec{a} - 3\vec{b}$
$$= (2-4)\vec{a} + (-4-3)\vec{b} = -2\vec{a} - 7\vec{b}$$

6A 次の計算をせよ。

(1) $2\vec{a} + 3\vec{a} - 4\vec{a}$

(2) $3\vec{a} - 8\vec{b} - \vec{a} + 4\vec{b}$

(3) $3(\vec{a} - 4\vec{b}) + 2(2\vec{a} + 3\vec{b})$

(4) $5(\vec{a} - \vec{b}) - 2(\vec{a} - 5\vec{b})$

6B 次の計算をせよ。

(1) $3\vec{b} + 2\vec{b} - 6\vec{b}$

(2) $2\vec{a} + 5\vec{b} - 4\vec{a} - 3\vec{b}$

(3) $2(2\vec{a} + \vec{b}) + 3(\vec{a} - 2\vec{b})$

(4) $4(-\vec{a} + 2\vec{b}) - 3(\vec{a} - 3\vec{b})$

POINT 6
ベクトルの平行条件

$\vec{a} \neq \vec{0}$, $\vec{b} \neq \vec{0}$ のとき
$\vec{a} /\!/ \vec{b} \iff \vec{b} = k\vec{a}$ となる実数 k がある

例6 右の図のベクトルは，いずれも $\vec{a}$ に平行である。このとき，$\vec{b}$, $\vec{c}$, $\vec{d}$ を $\vec{a}$ を用いて表せ。

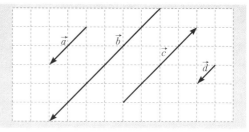

解答 $\vec{b} = 3\vec{a}$
$\vec{c} = -2\vec{a}$
$\vec{d} = \dfrac{1}{2}\vec{a}$

7A 下の図のベクトルはいずれも $\vec{a}$ に平行である。このとき，$\vec{b}$, $\vec{c}$, $\vec{d}$ を $\vec{a}$ を用いて表せ。

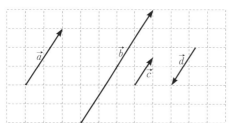

7B 下の図のベクトルはいずれも $\vec{a}$ に平行である。このとき，$\vec{b}$, $\vec{c}$, $\vec{d}$ を $\vec{a}$ を用いて表せ。

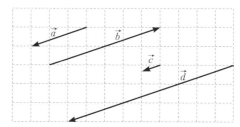

例7 右の図の正六角形 ABCDEF において，$\overrightarrow{AB} = \vec{a}$, $\overrightarrow{AF} = \vec{b}$ とするとき，次のベクトルを $\vec{a}$, $\vec{b}$ で表せ。
(1) $\overrightarrow{EA}$　　　　(2) $\overrightarrow{CE}$

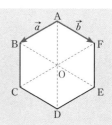

解答 (1) $\overrightarrow{EA} = \overrightarrow{EB} + \overrightarrow{BA} = -2\overrightarrow{AF} - \overrightarrow{AB}$
$= -2\vec{b} - \vec{a}$
(2) $\overrightarrow{CE} = \overrightarrow{CD} + \overrightarrow{DE} = \overrightarrow{AF} - \overrightarrow{AB}$
$= \vec{b} - \vec{a}$

8A 下の図の正六角形 ABCDEF において, $\overrightarrow{AB} = \vec{a}$, $\overrightarrow{BC} = \vec{b}$ とするとき, 次のベクトルを $\vec{a}$, $\vec{b}$ で表せ。

(1) $\overrightarrow{AC}$

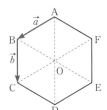

(2) $\overrightarrow{AF}$

(3) $\overrightarrow{BD}$

8B 下の図の正六角形 ABCDEF において, $\overrightarrow{AF} = \vec{a}$, $\overrightarrow{FE} = \vec{b}$ とするとき, 次のベクトルを $\vec{a}$, $\vec{b}$ で表せ。

(1) $\overrightarrow{EB}$

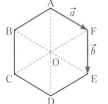

(2) $\overrightarrow{CO}$

(3) $\overrightarrow{CE}$

POINT 7
ベクトルの相等

$\vec{0}$ でない 2 つのベクトル $\vec{a}$, $\vec{b}$ が平行でないとき
$m\vec{a} + n\vec{b} = m'\vec{a} + n'\vec{b} \iff m = m', \ n = n'$
とくに $m\vec{a} + n\vec{b} = \vec{0} \iff m = n = 0$

例8 $\vec{0}$ でない 2 つのベクトル $\vec{a}$, $\vec{b}$ が平行でないとき, 次の等式を満たす x, y の値を求めよ。

$$(x - 2y)\vec{a} - (2x + 3y)\vec{b} = -5\vec{a} + 3\vec{b}$$

解答 $x - 2y = -5, \ -(2x + 3y) = 3$
より $x = -3, \ y = 1$

9A $\vec{0}$ でない 2 つのベクトル $\vec{a}$, $\vec{b}$ が平行でないとき, 次の等式を満たす x, y の値を求めよ。

(1) $3\vec{a} + x\vec{b} = y\vec{a} - 4\vec{b}$

(2) $(2x - 4)\vec{a} + (x - 2y)\vec{b} = \vec{0}$

(3) $(4x + y)\vec{a} + (x - 2y)\vec{b} = \vec{a} + 7\vec{b}$

9B $\vec{0}$ でない 2 つのベクトル $\vec{a}$, $\vec{b}$ が平行でないとき, 次の等式を満たす x, y の値を求めよ。

(1) $(2x - 5)\vec{a} + (4 - 3y)\vec{b} = \vec{a} - 2\vec{b}$

(2) $(x - 1)\vec{a} + 3\vec{b} = -3\vec{a} + (y + 1)\vec{b}$

(3) $(2x + y)\vec{a} + (x - y + 1)\vec{b} = \vec{0}$

検印

3 ベクトルの成分

POINT 8
ベクトルの成分表示

基本ベクトル $\vec{e_1}$, $\vec{e_2}$ を用いて，ベクトル $\vec{a}$ が $\vec{a} = a_1\vec{e_1} + a_2\vec{e_2}$ と表されるとき，
$\vec{a} = (a_1,\ a_2)$ を $\vec{a}$ の成分表示という。

ベクトルの大きさ　　$\vec{a} = (a_1,\ a_2)$ のとき　　$|\vec{a}| = \sqrt{a_1{}^2 + a_2{}^2}$

例9 右の図のベクトル $\vec{a}$, $\vec{b}$, $\vec{c}$ をそれぞれ成分表示せよ。
また，その大きさを求めよ。

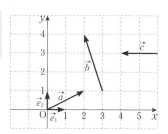

解答 $\vec{e_1}$, $\vec{e_2}$ を基本ベクトルとすると

$\vec{a} = 2\vec{e_1} + 1\vec{e_2}$ であるから　$\vec{a} = (2,\ 1)$

また　$|\vec{a}| = \sqrt{2^2 + 1^2} = \sqrt{5}$

$\vec{b} = -1\vec{e_1} + 3\vec{e_2}$ であるから　$\vec{b} = (-1,\ 3)$

また　$|\vec{b}| = \sqrt{(-1)^2 + 3^2} = \sqrt{10}$

$\vec{c} = -2\vec{e_1} + 0\vec{e_2}$ であるから　$\vec{c} = (-2,\ 0)$

また　$|\vec{c}| = \sqrt{(-2)^2 + 0^2} = 2$

10A 下の図のベクトル $\vec{a}$, $\vec{b}$, $\vec{c}$, $\vec{d}$, $\vec{e}$ を
それぞれ成分表示せよ。また，その大きさを
求めよ。

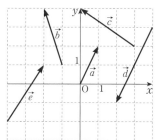

10B 下の図のベクトル $\vec{a}$, $\vec{b}$, $\vec{c}$, $\vec{d}$, $\vec{e}$ を
それぞれ成分表示せよ。また，その大きさを
求めよ。

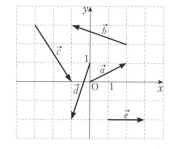

POINT 9
成分による演算

$\vec{a} = (a_1, \ a_2), \ \vec{b} = (b_1, \ b_2)$ のとき

[1] $\vec{a} + \vec{b} = (a_1, \ a_2) + (b_1, \ b_2) = (a_1 + b_1, \ a_2 + b_2)$

[2] $\vec{a} - \vec{b} = (a_1, \ a_2) - (b_1, \ b_2) = (a_1 - b_1, \ a_2 - b_2)$

[3] $k\vec{a} = k(a_1, \ a_2) = (ka_1, \ ka_2)$ ただし，k は実数

例 10 $\vec{a} = (-2, \ 3), \ \vec{b} = (1, \ -2)$ のとき，次のベクトルを成分表示せよ。

(1) $-3\vec{a}$　　　　　　(2) $2\vec{a} + 3\vec{b}$　　　　　　(3) $2(\vec{a} - \vec{b}) - 3(2\vec{a} + \vec{b})$

解答 (1) $-3\vec{a} = -3(-2, \ 3) = (6, \ -9)$

(2) $2\vec{a} + 3\vec{b} = 2(-2, \ 3) + 3(1, \ -2) = (-4, \ 6) + (3, \ -6)$
$= (-4 + 3, \ 6 - 6) = (-1, \ 0)$

(3) $2(\vec{a} - \vec{b}) - 3(2\vec{a} + \vec{b}) = 2\vec{a} - 2\vec{b} - 6\vec{a} - 3\vec{b} = -4\vec{a} - 5\vec{b}$
$= -4(-2, \ 3) - 5(1, \ -2) = (8, \ -12) - (5, \ -10) = (8 - 5, \ -12 + 10) = (3, \ -2)$

11A $\vec{a} = (-3, 1), \ \vec{b} = (4, 2)$ のとき，次のベクトルを成分表示せよ。

(1) $3\vec{a}$

(2) $\vec{a} + 2\vec{b}$

(3) $2(\vec{a} - \vec{b}) + 3(\vec{a} + \vec{b})$

11B $\vec{a} = (2, \ -1), \ \vec{b} = (-3, \ -2)$ のとき，次のベクトルを成分表示せよ。

(1) $-2\vec{b}$

(2) $2\vec{b} - 3\vec{a}$

(3) $2(3\vec{a} + 4\vec{b}) - 5(\vec{a} + 2\vec{b})$

POINT 10
ベクトルの平行

$\vec{a} = (a_1,\ a_2),\ \vec{b} = (b_1,\ b_2)$ が $\vec{0}$ でないとき
$\vec{a} \parallel \vec{b} \iff (b_1,\ b_2) = k(a_1,\ a_2)$ となる実数 k がある

例 11 $\vec{a} = (2,\ -5)$ と $\vec{b} = (-4,\ x)$ が平行になるような x の値を求めよ。

解答 $(-4,\ x) = k(2,\ -5)$ となる実数 k があることから

$$-4 = 2k,\quad x = -5k$$

よって $k = -2$ より $x = -5k = -5 \times (-2) = 10$

12A $\vec{a} = (-2,\ 1)$ と $\vec{b} = (-1,\ x)$ が平行になるような x の値を求めよ。

12B $\vec{a} = (x,\ 2)$ と $\vec{b} = (6,\ 10)$ が平行になるような x の値を求めよ。

例 12 $\vec{a} = (-2,\ 3)$ に平行で，大きさが $2\sqrt{13}$ であるベクトルを求めよ。

解答 求めるベクトルを $\vec{p}$ とすると，$\vec{a} \parallel \vec{p}$ より，
$\vec{p} = k\vec{a} = k(-2,\ 3) = (-2k,\ 3k)$ となる実数 k がある。
ここで，$|\vec{p}| = 2\sqrt{13}$ より $\sqrt{(-2k)^2 + (3k)^2} = 2\sqrt{13}$
両辺を 2 乗して $13k^2 = 52$ ゆえに，$k^2 = 4$ より $k = \pm 2$

$k = 2$ のとき $\vec{p} = (-4,\ 6)$
$k = -2$ のとき $\vec{p} = (4,\ -6)$

よって，求めるベクトルは $(-4,\ 6),\ (4,\ -6)$

13A $\vec{a} = (2,\ 3)$ に平行で，大きさが $3\sqrt{13}$ であるベクトルを求めよ。

13B $\vec{a} = (-4,\ 8)$ に平行で，大きさが $2\sqrt{5}$ であるベクトルを求めよ。

例 13 $\vec{a} = (2, -3)$, $\vec{b} = (3, 1)$ のとき，m，n を実数として，$\vec{p} = (-5, -9)$ を $m\vec{a} + n\vec{b}$ の形で表せ。

解答 $\vec{p} = m\vec{a} + n\vec{b}$ とおくと

$$(-5, -9) = m(2, -3) + n(3, 1)$$
$$= (2m + 3n, -3m + n)$$

よって $\begin{cases} 2m + 3n = -5 \\ -3m + n = -9 \end{cases}$

これを解いて $m = 2$, $n = -3$

したがって $\vec{p} = 2\vec{a} - 3\vec{b}$

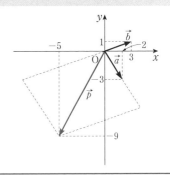

14A $\vec{a} = (2, 1)$, $\vec{b} = (-1, 3)$ のとき，m，n を実数として，$\vec{p} = (-7, 7)$ を $m\vec{a} + n\vec{b}$ の形で表せ。

14B $\vec{a} = (-3, 2)$, $\vec{b} = (2, -1)$ のとき，m，n を実数として，$\vec{p} = (-3, 4)$ を $m\vec{a} + n\vec{b}$ の形で表せ。

POINT 11
$\overrightarrow{AB}$ の成分と大きさ

$A(a_1,\ a_2),\ B(b_1,\ b_2)$ のとき
$$\overrightarrow{AB} = (b_1 - a_1,\ b_2 - a_2)$$
$$|\overrightarrow{AB}| = \sqrt{(b_1 - a_1)^2 + (b_2 - a_2)^2}$$

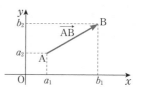

例 14　2点 $A(2,\ -1),\ B(3,\ 2)$ について，$\overrightarrow{AB}$ を成分表示せよ。また，$|\overrightarrow{AB}|$ を求めよ。

解答　$\overrightarrow{AB} = (3-2,\ 2-(-1)) = (1,\ 3),\qquad |\overrightarrow{AB}| = \sqrt{1^2 + 3^2} = \sqrt{10}$

15A　3点 $A(2,\ 0),\ B(-1,\ 5),\ C(-3,\ 2)$ について，$\overrightarrow{AB},\ \overrightarrow{BC},\ \overrightarrow{CA}$ をそれぞれ成分表示せよ。また，$|\overrightarrow{AB}|,\ |\overrightarrow{BC}|,\ |\overrightarrow{CA}|$ を求めよ。

15B　3点 $A(-5,\ 3),\ B(2,\ -2),\ C(1,\ 4)$ について，$\overrightarrow{AB},\ \overrightarrow{BC},\ \overrightarrow{CA}$ をそれぞれ成分表示せよ。また，$|\overrightarrow{AB}|,\ |\overrightarrow{BC}|,\ |\overrightarrow{CA}|$ を求めよ。

例 15　4点 $A(-2,\ 3),\ B(1,\ -1),\ C(x,\ 2),\ D(2,\ y)$ を頂点とする四角形 ABCD が平行四辺形となるように，$x,\ y$ の値を定めよ。

解答　四角形 ABCD が平行四辺形となるのは，AD // BC かつ
AD = BC，すなわち $\overrightarrow{AD} = \overrightarrow{BC}$ のときである。
　　$\overrightarrow{AD} = (2-(-2),\ y-3) = (4,\ y-3)$
　　$\overrightarrow{BC} = (x-1,\ 2-(-1)) = (x-1,\ 3)$
より　　$(4,\ y-3) = (x-1,\ 3)$
よって　　$4 = x-1,\ y-3 = 3$
したがって　　$x = 5,\ y = 6$

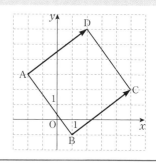

16A　4点 $A(2,\ 1),\ B(4,\ 5),\ C(0,\ 4),$ $D(x,\ y)$ を頂点とする四角形 ABCD が平行四辺形となるように，$x,\ y$ の値を定めよ。

16B　4点 $A(-2,\ y),\ B(x,\ -2),$ $C(2,\ -4),\ D(3,\ -1)$ を頂点とする四角形 ABCD が平行四辺形となるように，$x,\ y$ の値を定めよ。

4　ベクトルの内積

POINT 12
ベクトルの内積

2つのベクトル $\vec{a}$ と $\vec{b}$ のなす角を θ とするとき
$$\vec{a}\cdot\vec{b} = |\vec{a}||\vec{b}|\cos\theta$$

例 16　2つのベクトル $\vec{a}$ と $\vec{b}$ のなす角を θ とするとき，次の内積 $\vec{a}\cdot\vec{b}$ を求めよ。
$$|\vec{a}| = \sqrt{3},\ |\vec{b}| = 4,\ \theta = 60°$$

解答　$\vec{a}\cdot\vec{b} = \sqrt{3}\times 4\times\cos 60° = \sqrt{3}\times 4\times\dfrac{1}{2} = 2\sqrt{3}$

17A　2つのベクトル $\vec{a}$ と $\vec{b}$ のなす角を θ とするとき，次の内積 $\vec{a}\cdot\vec{b}$ を求めよ。
$$|\vec{a}| = 2,\ |\vec{b}| = \sqrt{2},\ \theta = 45°$$

17B　2つのベクトル $\vec{a}$ と $\vec{b}$ のなす角を θ とするとき，次の内積 $\vec{a}\cdot\vec{b}$ を求めよ。
$$|\vec{a}| = 1,\ |\vec{b}| = 5,\ \theta = 150°$$

例 17　右の図の直角三角形 ABC において，次の内積を求めよ。

(1) $\overrightarrow{AC}\cdot\overrightarrow{AB}$　　　　(2) $\overrightarrow{AC}\cdot\overrightarrow{CB}$

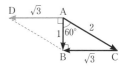

解答　(1) $\overrightarrow{AC}\cdot\overrightarrow{AB} = 2\times 1\times\cos 60° = 2\times 1\times\dfrac{1}{2} = 1$

(2) $\overrightarrow{AC}\cdot\overrightarrow{CB} = \overrightarrow{AC}\cdot\overrightarrow{AD} = 2\times\sqrt{3}\times\cos 150° = 2\times\sqrt{3}\times\left(-\dfrac{\sqrt{3}}{2}\right) = -3$

18A　下の図の △ABC において，次の内積を求めよ。

(1) $\overrightarrow{CA}\cdot\overrightarrow{CB}$

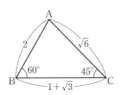

(2) $\overrightarrow{AB}\cdot\overrightarrow{BC}$

18B　下の図の直角二等辺三角形 ABC において，次の内積を求めよ。

(1) $\overrightarrow{BA}\cdot\overrightarrow{BC}$

(2) $\overrightarrow{AC}\cdot\overrightarrow{BA}$

POINT 13

内積と成分

$\vec{a} = (a_1,\ a_2),\ \vec{b} = (b_1,\ b_2)$ のとき

$$\vec{a} \cdot \vec{b} = a_1 b_1 + a_2 b_2$$

例 18 $\vec{a} = (-3,\ 4)$ と $\vec{b} = (-2,\ -2)$ の内積を求めよ。

解答 $\vec{a} \cdot \vec{b} = -3 \times (-2) + 4 \times (-2) = -2$

19A 次のベクトル $\vec{a}$, $\vec{b}$ の内積を求めよ。

(1) $\vec{a} = (4,\ -3),\ \vec{b} = (3,\ 2)$

(2) $\vec{a} = (3,\ 4),\ \vec{b} = (-8,\ 6)$

(3) $\vec{a} = (2\sqrt{3},\ -2),\ \vec{b} = (-\sqrt{3},\ -4)$

(4) $\vec{a} = \left(\dfrac{1}{2},\ 3\right),\ \vec{b} = (-4,\ 1)$

19B 次のベクトル $\vec{a}$, $\vec{b}$ の内積を求めよ。

(1) $\vec{a} = (1,\ -3),\ \vec{b} = (5,\ -6)$

(2) $\vec{a} = (3,\ -2),\ \vec{b} = (-6,\ 9)$

(3) $\vec{a} = (1,\ -\sqrt{2}),\ \vec{b} = (\sqrt{2},\ -3)$

(4) $\vec{a} = (-1,\ 6),\ \vec{b} = \left(3,\ -\dfrac{2}{3}\right)$

POINT 14
ベクトルのなす角

$$\cos \theta = \frac{\vec{a} \cdot \vec{b}}{|\vec{a}||\vec{b}|} = \frac{a_1 b_1 + a_2 b_2}{\sqrt{a_1{}^2 + a_2{}^2}\sqrt{b_1{}^2 + b_2{}^2}} \qquad ただし, \ 0° \leqq \theta \leqq 180°$$

例 19 次の 2 つのベクトル $\vec{a}$ と $\vec{b}$ のなす角 θ を求めよ。

$$\vec{a} = (3, \ 2), \ \vec{b} = (-5, \ 1)$$

解答

$\vec{a} \cdot \vec{b} = 3 \times (-5) + 2 \times 1 = -13$

$|\vec{a}| = \sqrt{3^2 + 2^2} = \sqrt{13}$

$|\vec{b}| = \sqrt{(-5)^2 + 1^2} = \sqrt{26}$

よって $\cos \theta = \dfrac{\vec{a} \cdot \vec{b}}{|\vec{a}||\vec{b}|}$

$\qquad = \dfrac{-13}{\sqrt{13} \times \sqrt{26}} = -\dfrac{1}{\sqrt{2}}$

したがって, $0° \leqq \theta \leqq 180°$ より $\theta = 135°$

20A 次の 2 つのベクトル $\vec{a}$ と $\vec{b}$ のなす角 θ を求めよ。

(1) $\vec{a} = (3, \ -1), \ \vec{b} = (-1, \ 2)$

(2) $\vec{a} = (\sqrt{3}, \ 3), \ \vec{b} = (\sqrt{3}, \ 1)$

20B 次の 2 つのベクトル $\vec{a}$ と $\vec{b}$ のなす角 θ を求めよ。

(1) $\vec{a} = (3, \ 2), \ \vec{b} = (-6, \ 9)$

(2) $\vec{a} = (-\sqrt{3}, \ 1), \ \vec{b} = (1, \ -\sqrt{3})$

ベクトルの垂直条件

$\vec{a} \neq \vec{0}$, $\vec{b} \neq \vec{0}$ で,$\vec{a} = (a_1,\ a_2)$, $\vec{b} = (b_1,\ b_2)$ のとき

[1] $\vec{a} \perp \vec{b} \iff \vec{a} \cdot \vec{b} = 0$

[2] $\vec{a} \perp \vec{b} \iff a_1 b_1 + a_2 b_2 = 0$

例 20 $\vec{a} = (-4,\ 3)$, $\vec{b} = (x,\ 8)$ が垂直となるような x の値を求めよ。

解答　　$\vec{a} \cdot \vec{b} = -4 \times x + 3 \times 8 = 0$

よって　$x = 6$

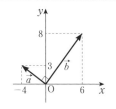

21A 次の2つのベクトル $\vec{a}$, $\vec{b}$ が垂直となるような x の値を求めよ。

(1) $\vec{a} = (6,\ -1)$, $\vec{b} = (x,\ 4)$

(2) $\vec{a} = (-2,\ x)$, $\vec{b} = (x+3,\ 4)$

21B 次の2つのベクトル $\vec{a}$, $\vec{b}$ が垂直となるような x の値を求めよ。

(1) $\vec{a} = (5,\ x)$, $\vec{b} = (-3,\ -3)$

(2) $\vec{a} = (x,\ 3)$, $\vec{b} = (5,\ x-6)$

POINT 16
ベクトルの垂直

$\vec{a} = (a_1, \ a_2), \ \vec{p} = (x, \ y)$ に対して $(\vec{a} \neq \vec{0}, \ \vec{p} \neq \vec{0})$

$$\vec{a} \perp \vec{p} \iff \vec{a} \cdot \vec{p} = 0 \qquad |\vec{p}| = \sqrt{x^2 + y^2}$$

例 21 $\vec{a} = (1, \ -3)$ に垂直で，大きさが 10 であるベクトルを求めよ。

解答 求めるベクトルを $\vec{p} = (x, \ y)$ とする。

$\vec{a} \perp \vec{p}$ より $\vec{a} \cdot \vec{p} = 0$

ゆえに $x - 3y = 0$ ……①

また，$|\vec{p}| = 10$ より $\sqrt{x^2 + y^2} = 10$

両辺を2乗して $x^2 + y^2 = 100$ ……②

ここで，①より $x = 3y$ ……③

②に代入して $(3y)^2 + y^2 = 100$ より $y^2 = 10$

よって $y = \pm\sqrt{10}$

③より

$y = \sqrt{10}$ のとき $x = 3\sqrt{10}$, $y = -\sqrt{10}$ のとき $x = -3\sqrt{10}$

したがって，求めるベクトルは $(3\sqrt{10}, \ \sqrt{10})$, $(-3\sqrt{10}, \ -\sqrt{10})$

ROUND 2

22A $\vec{a} = (5, \ \sqrt{2})$ に垂直で，大きさが 9 であるベクトルを求めよ。

22B $\vec{a} = (4, \ -3)$ に垂直な単位ベクトルを求めよ。

[1] $\vec{a} \cdot \vec{b} = \vec{b} \cdot \vec{a}$

[2] $(k\vec{a}) \cdot \vec{b} = \vec{a} \cdot (k\vec{b}) = k(\vec{a} \cdot \vec{b})$　ただし，k は実数

[3] $\vec{a} \cdot (\vec{b} + \vec{c}) = \vec{a} \cdot \vec{b} + \vec{a} \cdot \vec{c}$

[4] $(\vec{a} + \vec{b}) \cdot \vec{c} = \vec{a} \cdot \vec{c} + \vec{b} \cdot \vec{c}$

とくに　$\vec{a} \cdot \vec{a} = |\vec{a}|^2$

例 22　次の等式が成り立つことを証明せよ。

$$|\vec{a} - \vec{b}|^2 = |\vec{a}|^2 - 2\vec{a} \cdot \vec{b} + |\vec{b}|^2$$

$\boxed{証明}$　　$|\vec{a} - \vec{b}|^2 = (\vec{a} - \vec{b}) \cdot (\vec{a} - \vec{b})$

　　　　　　　$= \vec{a} \cdot (\vec{a} - \vec{b}) - \vec{b} \cdot (\vec{a} - \vec{b})$

　　　　　　　$= \vec{a} \cdot \vec{a} - \vec{a} \cdot \vec{b} - \vec{b} \cdot \vec{a} + \vec{b} \cdot \vec{b}$

　　　　　　　$= \vec{a} \cdot \vec{a} - 2\vec{a} \cdot \vec{b} + \vec{b} \cdot \vec{b}$

　　　　　　　$= |\vec{a}|^2 - 2\vec{a} \cdot \vec{b} + |\vec{b}|^2$

よって　　$|\vec{a} - \vec{b}|^2 = |\vec{a}|^2 - 2\vec{a} \cdot \vec{b} + |\vec{b}|^2$　$\boxed{終}$

23A　次の等式が成り立つことを証明せよ。

$(\vec{a} + 2\vec{b}) \cdot (\vec{a} - 2\vec{b}) = |\vec{a}|^2 - 4|\vec{b}|^2$

23B　次の等式が成り立つことを証明せよ。

$|3\vec{a} + 2\vec{b}|^2 = 9|\vec{a}|^2 + 12\vec{a} \cdot \vec{b} + 4|\vec{b}|^2$

POINT 18
内積の性質の利用

$|\vec{a}+\vec{b}|^2 = (\vec{a}+\vec{b})\cdot(\vec{a}+\vec{b})$

例23 $|\vec{a}|=2$, $|\vec{b}|=3$, $\vec{a}\cdot\vec{b}=3$ のとき, $|\vec{a}+2\vec{b}|$ の値を求めよ。

解答
$$\begin{aligned}
|\vec{a}+2\vec{b}|^2 &= (\vec{a}+2\vec{b})\cdot(\vec{a}+2\vec{b}) \\
&= \vec{a}\cdot\vec{a}+2\vec{a}\cdot\vec{b}+2\vec{b}\cdot\vec{a}+4\vec{b}\cdot\vec{b} \\
&= |\vec{a}|^2+4\vec{a}\cdot\vec{b}+4|\vec{b}|^2 \\
&= 2^2+4\times3+4\times3^2 = 52
\end{aligned}$$
ここで, $|\vec{a}+2\vec{b}| \geqq 0$ であるから　$|\vec{a}+2\vec{b}| = 2\sqrt{13}$

ROUND 2

24A $|\vec{a}|=3$, $|\vec{b}|=1$, $\vec{a}\cdot\vec{b}=2$ のとき, 次の値を求めよ。

(1) $|\vec{a}-\vec{b}|$

(2) $|\vec{a}+3\vec{b}|$

24B $|\vec{a}|=1$, $|\vec{b}|=4$, $\vec{a}\cdot\vec{b}=-2$ のとき, 次の値を求めよ。

(1) $|\vec{a}+\vec{b}|$

(2) $|3\vec{a}-2\vec{b}|$

検印

5 三角形の面積

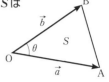

POINT 19
三角形の面積

$\overrightarrow{OA} = \vec{a}$, $\overrightarrow{OB} = \vec{b}$, $\angle AOB = \theta$ とするとき，$\triangle OAB$ の面積 S は

$$S = \frac{1}{2}|\vec{a}\,\|\vec{b}|\sin\theta = \frac{1}{2}\sqrt{|\vec{a}|^2|\vec{b}|^2 - (\vec{a}\cdot\vec{b})^2}$$

また，$\vec{a} = (a_1,\ a_2)$, $\vec{b} = (b_1,\ b_2)$ とするとき

$$S = \frac{1}{2}|a_1 b_2 - a_2 b_1|$$

例 24 次の 3 点を頂点とする三角形の面積 S を求めよ。

(1) O(0, 0), A(2, −2), B(4, 3)　　(2) A(3, 1), B(1, 4), C(6, 3)

解答 (1) $\overrightarrow{OA} = (2,\ -2)$, $\overrightarrow{OB} = (4,\ 3)$ より

$$S = \frac{1}{2}|2 \times 3 - (-2) \times 4| = 7$$

(2) $\overrightarrow{AB} = (-2,\ 3)$, $\overrightarrow{AC} = (3,\ 2)$ より

$$S = \frac{1}{2}|-2 \times 2 - 3 \times 3| = \frac{13}{2}$$

ROUND 2

25A 次の 3 点を頂点とする三角形の面積 S を求めよ。

(1) O(0, 0), A(4, 1), B(2, 3)

25B 次の 3 点を頂点とする三角形の面積 S を求めよ。

(1) O(0, 0), A(3, −1), B(4, 3)

(2) A(−3, −2), B(−4, 2), C(−6, −5)

(2) A(1, 1), B(4, −1), C(−1, −3)

検印

6 位置ベクトル

▶教 p.29〜33

▶教 p.29〜33

POINT 20

位置ベクトル

$\overrightarrow{AB}$ と位置ベクトル

2点 $A(\vec{a})$, $B(\vec{b})$ に対して　　$\overrightarrow{AB} = \vec{b} - \vec{a}$

内分点・外分点の位置ベクトル

2点 $A(\vec{a})$, $B(\vec{b})$ を結ぶ線分 AB を

$m : n$ に内分する点を $P(\vec{p})$ とすると

$$\vec{p} = \frac{n\vec{a} + m\vec{b}}{m + n}$$

$m : n$ に外分する点を $Q(\vec{q})$ とすると

$$\vec{q} = \frac{-n\vec{a} + m\vec{b}}{m - n}$$

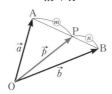

例 25　2点 $A(\vec{a})$, $B(\vec{b})$ に対して，線分 AB を $1:4$ に内分する点を $P(\vec{p})$，線分 AB を $1:4$ に外分する点を $Q(\vec{q})$ とするとき，$\vec{p}$, $\vec{q}$ を $\vec{a}$, $\vec{b}$ で表せ。

解答　$\vec{p} = \dfrac{4\vec{a} + \vec{b}}{1 + 4} = \dfrac{4\vec{a} + \vec{b}}{5}$

$\vec{q} = \dfrac{-4\vec{a} + \vec{b}}{1 - 4} = \dfrac{4\vec{a} - \vec{b}}{3}$

26A　2点 $A(\vec{a})$, $B(\vec{b})$ に対して，線分 AB を $3:4$ に内分する点を $P(\vec{p})$，線分 AB を $5:2$ に外分する点を $Q(\vec{q})$ とするとき，$\vec{p}$, $\vec{q}$ を $\vec{a}$, $\vec{b}$ で表せ。

26B　2点 $A(\vec{a})$, $B(\vec{b})$ に対して，線分 AB を $3:2$ に内分する点を $P(\vec{p})$，線分 AB を $4:5$ に外分する点を $Q(\vec{q})$ とするとき，$\vec{p}$, $\vec{q}$ を $\vec{a}$, $\vec{b}$ で表せ。

3点 $A(\vec{a})$, $B(\vec{b})$, $C(\vec{c})$ を頂点とする △ABC の重心を $G(\vec{g})$ とすると
$$\vec{g} = \frac{\vec{a}+\vec{b}+\vec{c}}{3}$$

例 26   3点 $A(\vec{a})$, $B(\vec{b})$, $C(\vec{c})$ を頂点とする △ABC の辺 BC, CA, AB を 3:1 に内分する点をそれぞれ L, M, N とするとき, △LMN の重心 G の位置ベクトル $\vec{g}$ を $\vec{a}$, $\vec{b}$, $\vec{c}$ で表せ。

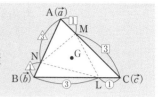

解答   L, M, N の位置ベクトルをそれぞれ $\vec{l}$, $\vec{m}$, $\vec{n}$ とすると, $\vec{g} = \dfrac{\vec{l}+\vec{m}+\vec{n}}{3}$ である。

ここで $\vec{l} = \dfrac{\vec{b}+3\vec{c}}{4}$, $\vec{m} = \dfrac{\vec{c}+3\vec{a}}{4}$, $\vec{n} = \dfrac{\vec{a}+3\vec{b}}{4}$ であるから

$\vec{l}+\vec{m}+\vec{n} = \dfrac{\vec{b}+3\vec{c}}{4} + \dfrac{\vec{c}+3\vec{a}}{4} + \dfrac{\vec{a}+3\vec{b}}{4} = \vec{a}+\vec{b}+\vec{c}$

よって $\vec{g} = \dfrac{\vec{l}+\vec{m}+\vec{n}}{3} = \dfrac{\vec{a}+\vec{b}+\vec{c}}{3}$

ROUND 2

27A   3点 $A(\vec{a})$, $B(\vec{b})$, $C(\vec{c})$ を頂点とする △ABC の辺 BC, CA, AB を 3:2 に内分する点をそれぞれ $L(\vec{l})$, $M(\vec{m})$, $N(\vec{n})$ とする。このとき, 次の問いに答えよ。

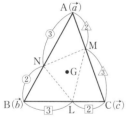

(1) $\vec{l}$, $\vec{m}$, $\vec{n}$ をそれぞれ $\vec{a}$, $\vec{b}$, $\vec{c}$ で表せ。

(2)   △LMN の重心 G の位置ベクトル $\vec{g}$ を $\vec{a}$, $\vec{b}$, $\vec{c}$ で表せ。

27B   3点 $A(\vec{a})$, $B(\vec{b})$, $C(\vec{c})$ を頂点とする △ABC の辺 BC, CA, AB を 3:4 に内分する点をそれぞれ $L(\vec{l})$, $M(\vec{m})$, $N(\vec{n})$ とする。このとき, 次の問いに答えよ。

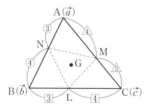

(1) $\vec{l}$, $\vec{m}$, $\vec{n}$ をそれぞれ $\vec{a}$, $\vec{b}$, $\vec{c}$ で表せ。

(2)   △LMN の重心 G の位置ベクトル $\vec{g}$ を $\vec{a}$, $\vec{b}$, $\vec{c}$ で表せ。

7 ベクトルの図形への応用

▶教 p.34〜37

POINT 22
一直線上にある3点

3点 A, B, C が一直線上にある
$\Longleftrightarrow$ $\overrightarrow{AC} = k\overrightarrow{AB}$ となる実数 k がある

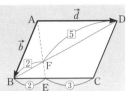

例 27 平行四辺形 ABCD において, 辺 BC を 2:3 に内分する点を
E, 対角線 BD を 2:5 に内分する点をFとする。このとき,
次の問いに答えよ。

(1) $\overrightarrow{AB} = \vec{b}$, $\overrightarrow{AD} = \vec{d}$ とするとき, $\overrightarrow{AE}$, $\overrightarrow{AF}$ を $\vec{b}$, $\vec{d}$ で表せ。

(2) 3点 A, F, E は一直線上にあることを示せ。

解答 (1) $\overrightarrow{AC} = \vec{b} + \vec{d}$ であるから

$$\overrightarrow{AE} = \frac{3\overrightarrow{AB} + 2\overrightarrow{AC}}{2+3} = \frac{3\vec{b} + 2(\vec{b}+\vec{d})}{5} = \frac{1}{5}(5\vec{b} + 2\vec{d}) \qquad \Leftarrow BE:EC = 2:3$$

$$\overrightarrow{AF} = \frac{5\overrightarrow{AB} + 2\overrightarrow{AD}}{2+5} = \frac{1}{7}(5\vec{b} + 2\vec{d}) \qquad \Leftarrow BF:FD = 2:5$$

証明 (2) (1)より $\overrightarrow{AE} = \frac{7}{5}\overrightarrow{AF}$ したがって, 3点 A, F, E は一直線上にある。 **終**

ROUND 2

28A 平行四辺形 ABCD において, 辺 AB を 2:1 に内分する点をP, 対角線 AC を 1:3 に内分する点をQ, 辺 AD を 2:3 に内分する点をRとする。このとき, 次の問いに答えよ。

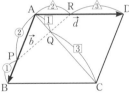

(1) $\overrightarrow{AB} = \vec{b}$, $\overrightarrow{AD} = \vec{d}$ とするとき, $\overrightarrow{PQ}$, $\overrightarrow{PR}$ を $\vec{b}$, $\vec{d}$ で表せ。

(2) 3点 P, Q, R は一直線上にあることを示せ。

28B 平行四辺形 ABCD において, 辺 AB を 1:2 に内分する点をP, 対角線 AC を 2:7 に内分する点をQ, 辺 AD を 2:1 に内分する点をRとする。このとき, 次の問いに答えよ。

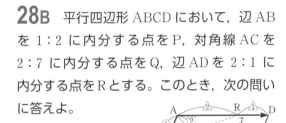
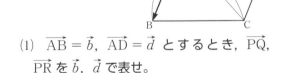

(1) $\overrightarrow{AB} = \vec{b}$, $\overrightarrow{AD} = \vec{d}$ とするとき, $\overrightarrow{PQ}$, $\overrightarrow{PR}$ を $\vec{b}$, $\vec{d}$ で表せ。

(2) 3点 P, Q, R は一直線上にあることを示せ。

位置ベクトルの応用

2点 $A(\vec{a})$, $B(\vec{b})$ を結ぶ線分 AB を $t : (1-t)$ に内分する点Pの位置ベクトル $\vec{p}$ は, $\vec{p} = (1-t)\vec{a} + t\vec{b}$ と表される。

例 28 △OAB において, 辺 OA を $2 : 1$ に内分する点を L, 辺 OB を $3 : 1$ に内分する点を M とし, AM と BL の交点を P とする。$\overrightarrow{OA} = \vec{a}$, $\overrightarrow{OB} = \vec{b}$ とするとき, $\overrightarrow{OP}$ を $\vec{a}$, $\vec{b}$ で表せ。

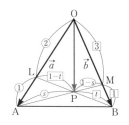

解答 $AP : PM = s : (1-s)$ とすると $\overrightarrow{OM} = \dfrac{3}{4}\vec{b}$ より

$$\overrightarrow{OP} = (1-s)\overrightarrow{OA} + s\overrightarrow{OM} = (1-s)\vec{a} + \frac{3}{4}s\vec{b} \quad \cdots\cdots①$$

$BP : PL = t : (1-t)$ とすると $\overrightarrow{OL} = \dfrac{2}{3}\vec{a}$ より

$$\overrightarrow{OP} = t\overrightarrow{OL} + (1-t)\overrightarrow{OB} = \frac{2}{3}t\vec{a} + (1-t)\vec{b} \quad \cdots\cdots②$$

①, ②より $(1-s)\vec{a} + \dfrac{3}{4}s\vec{b} = \dfrac{2}{3}t\vec{a} + (1-t)\vec{b}$

$\vec{a} \neq \vec{0}$, $\vec{b} \neq \vec{0}$ で, $\vec{a}$, $\vec{b}$ は平行でないから

$$1 - s = \frac{2}{3}t, \quad \frac{3}{4}s = 1 - t$$

これを解いて $s = \dfrac{2}{3}$, $t = \dfrac{1}{2}$ よって $\overrightarrow{OP} = \dfrac{1}{3}\vec{a} + \dfrac{1}{2}\vec{b}$

ROUND 2

29 △OAB において, 辺 OA の中点を L, 辺 OB を $1 : 2$ に内分する点を M とし, AM と BL との交点を P とする。$\overrightarrow{OA} = \vec{a}$, $\overrightarrow{OB} = \vec{b}$ とするとき, $\overrightarrow{OP}$ を $\vec{a}$, $\vec{b}$ で表せ。

POINT 24
内積の利用

$\overrightarrow{\text{AM}} \neq \vec{0}$, $\overrightarrow{\text{BC}} \neq \vec{0}$ のとき

$$\text{AM} \perp \text{BC} \iff \overrightarrow{\text{AM}} \cdot \overrightarrow{\text{BC}} = 0$$

例 29 AB = AC である二等辺三角形 ABC において，辺 BC の中点を M とするとき，AM ⊥ BC となることをベクトルを用いて証明せよ。

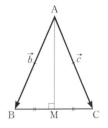

証明 点 A を基準とする点 B，C の位置ベクトルを，それぞれ $\vec{b}$，$\vec{c}$ とする。

点 M は辺 BC の中点であるから

$$\overrightarrow{\text{AM}} = \frac{\vec{b} + \vec{c}}{2}$$

また，$\overrightarrow{\text{BC}} = \vec{c} - \vec{b}$

よって

$$\overrightarrow{\text{AM}} \cdot \overrightarrow{\text{BC}} = \frac{\vec{b} + \vec{c}}{2} \cdot (\vec{c} - \vec{b})$$

$$= \frac{\vec{b} \cdot \vec{c} - \vec{b} \cdot \vec{b} + \vec{c} \cdot \vec{c} - \vec{c} \cdot \vec{b}}{2}$$

$$= \frac{1}{2}(|\vec{c}|^2 - |\vec{b}|^2) \quad \cdots\cdots ①$$

ここで，AB = AC であるから $|\vec{b}| = |\vec{c}|$

したがって，① より $\overrightarrow{\text{AM}} \cdot \overrightarrow{\text{BC}} = 0$

$\overrightarrow{\text{AM}} \neq \vec{0}$，$\overrightarrow{\text{BC}} \neq \vec{0}$ であるから $\overrightarrow{\text{AM}} \perp \overrightarrow{\text{BC}}$ すなわち AM ⊥ BC である。 **終**

ROUND 2

30 ∠A = 90° の直角三角形 ABC において，辺 BC を 2 : 1 に内分する点を P，辺 AC の中点を Q とするとき，AP ⊥ BQ ならば AB = AC が成り立つことをベクトルを用いて証明せよ。

8 ベクトル方程式

POINT 25
直線のベクトル方程式

点 A($\vec{a}$) を通り，$\vec{0}$ でないベクトル $\vec{u}$ に平行な直線 l の
ベクトル方程式は

$$\vec{p} = \vec{a} + t\vec{u} \qquad (\vec{u} \text{ を 方向ベクトル という})$$

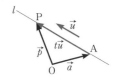

例 30 点 A($\vec{a}$) を通り，ベクトル $\vec{u}$ に平行な直線 l のベクトル方程式 $\vec{p} = \vec{a} + t\vec{u}$ におい
て，次の t の値に対する点 P の位置を図示せよ。

(1) $t = 1$　　　(2) $t = \dfrac{3}{2}$　　　(3) $t = -2$

解答

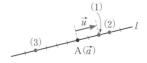

31A 点 A($\vec{a}$) を通り，ベクトル $\vec{u}$ に平行
な直線 l のベクトル方程式 $\vec{p} = \vec{a} + t\vec{u}$ に
おいて，次の t の値に対する点 P の位置を図
示せよ。

(1) $t = 3$　　(2) $t = -2$　　(3) $t = \dfrac{2}{3}$

31B 点 A($\vec{a}$) を通り，ベクトル $\vec{u}$ に平行
な直線 l のベクトル方程式 $\vec{p} = \vec{a} + t\vec{u}$ に
おいて，次の t の値に対する点 P の位置を図
示せよ。

(1) $t = 2$　　(2) $t = -1$　　(3) $t = -\dfrac{5}{2}$

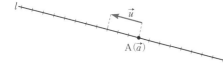
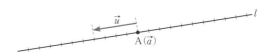

例 31 点 A(3, 4) を通り，$\vec{u} = (2, -1)$ に平行な直線の方程式を，媒介変数 t を用いて媒
介変数表示せよ。また，t を消去した方程式を求めよ。

解答　求める直線上の点を (x, y) とすると

$(x, y) = (3, 4) + t(2, -1)$ より
$\begin{cases} x = 3 + 2t \\ y = 4 - t \end{cases}$

また，t を消去して得られる直線の方程式は

$$4 - y = \frac{1}{2}(x - 3) \qquad \text{すなわち} \quad y = -\frac{1}{2}x + \frac{11}{2}$$

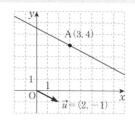

32A 点 A(2, 3) を通り，$\vec{u} = (-1, 2)$ に
平行な直線の方程式を，媒介変数 t を用いて
媒介変数表示せよ。また，t を消去した方程
式を求めよ。

32B 点 A(5, 0) を通り，$\vec{u} = (3, -4)$ に
平行な直線の方程式を，媒介変数 t を用いて
媒介変数表示せよ。また，t を消去した方程
式を求めよ。

POINT 26

2点 $A(\vec{a})$, $B(\vec{b})$ を通る直線のベクトル方程式

異なる2点 $A(\vec{a})$, $B(\vec{b})$ を通る直線のベクトル方程式は
$$\vec{p} = (1-t)\vec{a} + t\vec{b}$$

例 32 2点 $A(\vec{a})$, $B(\vec{b})$ を通る直線 l のベクトル方程式 $\vec{p} = (1-t)\vec{a} + t\vec{b}$ において，次の t の値に対応する点 P の位置を図示せよ。

(1) $t = 2$ (2) $t = -\dfrac{1}{2}$

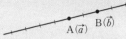

解答

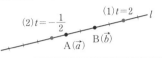

33A 2点 $A(\vec{a})$, $B(\vec{b})$ を通る直線 l のベクトル方程式 $\vec{p} = (1-t)\vec{a} + t\vec{b}$ において，次の t の値に対応する点 P の位置を図示せよ。

(1) $t = -1$ (2) $t = \dfrac{4}{3}$

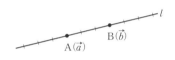

33B 2点 $A(\vec{a})$, $B(\vec{b})$ を通る直線 l のベクトル方程式 $\vec{p} = (1-t)\vec{a} + t\vec{b}$ において，次の t の値に対応する点 P の位置を図示せよ。

(1) $t = 2$ (2) $t = -\dfrac{3}{2}$

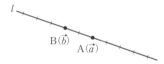

例 33 2点 $A(2, 5)$, $B(-1, -2)$ を通る直線の方程式を，媒介変数 t を用いて表せ。

解答 求める直線上の点を (x, y) とすると
$$(x, y) = (1-t)(2, 5) + t(-1, -2) = (2-2t, 5-5t) + (-t, -2t) = (2-3t, 5-7t)$$
よって $\begin{cases} x = 2-3t \\ y = 5-7t \end{cases}$

34A 次の2点 A, B を通る直線の方程式を，媒介変数 t を用いて表せ。

(1) $A(2, 3)$, $B(4, 7)$

(2) $A(-3, 2)$, $B(4, -1)$

34B 次の2点 A, B を通る直線の方程式を，媒介変数 t を用いて表せ。

(1) $A(5, 3)$, $B(2, 4)$

(2) $A(-6, -2)$, $B(-3, 1)$

POINT 27

点 P の存在範囲

$\overrightarrow{\text{OP}} = s'\overrightarrow{\text{OA}'} + t'\overrightarrow{\text{OB}'}$, $s' + t' = 1$ の形に変形する。

このとき，点 P は直線 A′B′ 上にある。

例 34 右の図のように，一直線上にない 3 点 O，A，B がある。

実数 s，t が $s + t = 3$ を満たしながら変わるとき，

$$\overrightarrow{\text{OP}} = s\overrightarrow{\text{OA}} + t\overrightarrow{\text{OB}}$$

で定められる点 P の存在範囲を図示せよ。

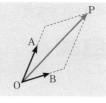

解答　$s + t = 3$ より　　$\dfrac{s}{3} + \dfrac{t}{3} = 1$

ここで　$\dfrac{s}{3} = s'$, $\dfrac{t}{3} = t'$　とおくと　　$s' + t' = 1$

よって　$\overrightarrow{\text{OP}} = s\overrightarrow{\text{OA}} + t\overrightarrow{\text{OB}} = \dfrac{s}{3}(3\overrightarrow{\text{OA}}) + \dfrac{t}{3}(3\overrightarrow{\text{OB}})$

　　　　　　$= s'(3\overrightarrow{\text{OA}}) + t'(3\overrightarrow{\text{OB}})$

$\overrightarrow{\text{OA}'} = 3\overrightarrow{\text{OA}}$, $\overrightarrow{\text{OB}'} = 3\overrightarrow{\text{OB}}$

を満たす 2 点 A′，B′ をとると

　　$\overrightarrow{\text{OP}} = s'\overrightarrow{\text{OA}'} + t'\overrightarrow{\text{OB}'}$, $s' + t' = 1$

したがって，点 P の存在範囲は右の図の直線 A′B′ である。

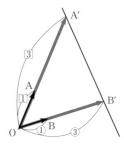

ROUND 2

35 右の図のように，一直線上にない 3 点 O，A，B がある。

実数 s，t が $s + t = \dfrac{1}{2}$ を満たしながら変わるとき，

$$\overrightarrow{\text{OP}} = s\overrightarrow{\text{OA}} + t\overrightarrow{\text{OB}}$$

で定められる点 P の存在範囲を図示せよ。

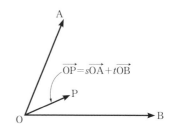

POINT 28
法線ベクトルと直線

点 $A(\vec{a})$ を通り，$\vec{0}$ でないベクトル $\vec{n}$ に垂直な直線 l のベクトル方程式は
$$\vec{n} \cdot (\vec{p} - \vec{a}) = 0$$
$\vec{a} = (x_1,\ y_1),\ \vec{p} = (x,\ y),\ \vec{n} = (a,\ b)$ として成分で表すと
$$a(x - x_1) + b(y - y_1) = 0$$

例 35 次の問いに答えよ。

(1) 点 $A(2,\ 3)$ を通り，$\vec{n} = (-3,\ 5)$ に垂直な直線の方程式を求めよ。

(2) 直線 $3x - 6y + 2 = 0$ に垂直なベクトルを 1 つ求めよ。

解答 (1) $-3(x - 2) + 5(y - 3) = 0$　より　$-3x + 5y - 9 = 0$

(2) $\vec{n} = (3,\ -6)$

36A 次の問いに答えよ。

(1) 点 $A(2,\ 4)$ を通り，$\vec{n} = (3,\ 2)$ に垂直な直線の方程式を求めよ。

36B 次の問いに答えよ。

(1) 点 $A(-2,\ 1)$ を通り，$\vec{n} = (4,\ -3)$ に垂直な直線の方程式を求めよ。

(2) 直線 $3x - 4y + 5 = 0$ に垂直なベクトルを 1 つ求めよ。

(2) 直線 $x + 5y - 1 = 0$ に垂直なベクトルを 1 つ求めよ。

中心 $C(\vec{c})$, 半径 r の円のベクトル方程式は
円のベクトル方程式
$$|\vec{p} - \vec{c}| = r$$

例 36 点 O を基準とする点 A の位置ベクトルを $\vec{a}$ とするとき, ベクトル方程式
$|3\vec{p} - \vec{a}| = 3$ はどのような図形を表すか。

[解答] $|3\vec{p} - \vec{a}| = 3$ より $\quad 3\left|\vec{p} - \dfrac{1}{3}\vec{a}\right| = 3$

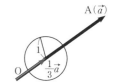

ゆえに $\quad \left|\vec{p} - \dfrac{1}{3}\vec{a}\right| = 1$

よって, $|3\vec{p} - \vec{a}| = 3$ は,

中心の位置ベクトルが $\dfrac{1}{3}\vec{a}$, 半径が 1 の円を表す。

37A 点 O を基準とする点 A の位置ベクトルを $\vec{a}$ とするとき, ベクトル方程式 $|\vec{p} + \vec{a}| = 4$ で表される円の中心の位置ベクトルと半径を求めよ。

37B 点 O を基準とする点 A の位置ベクトルを $\vec{a}$ とするとき, ベクトル方程式 $|3\vec{p} - \vec{a}| = 27$ で表される円の中心の位置ベクトルと半径を求めよ。

検印

9 空間の座標

▶数 p.45〜47

POINT 30

空間の座標と
2点間の距離

点 P の座標が $(a,\ b,\ c)$ であることを $P(a,\ b,\ c)$
と表す。

2点 $P(x_1,\ y_1,\ z_1)$, $Q(x_2,\ y_2,\ z_2)$ 間の距離は

$$PQ = \sqrt{(x_2-x_1)^2+(y_2-y_1)^2+(z_2-z_1)^2}$$

とくに, 原点 O と点 $P(x_1,\ y_1,\ z_1)$ の距離は

$$OP = \sqrt{x_1{}^2+y_1{}^2+z_1{}^2}$$

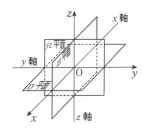

例 37 点 P の座標を $P(4,\ 2,\ 3)$ とするとき, xy 平面に関して
点 P と対称な点 P′ の座標を求めよ。

解答 $P'(4,\ 2,\ -3)$

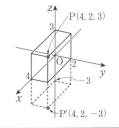

38A 点 $P(4,\ 3,\ 2)$
に対して, 次の点の
座標を求めよ。

(1) xy 平面に関して
対称な点 Q

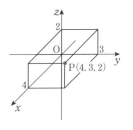

(2) zx 平面に関して対称な点 R

(3) y 軸に関して対称な点 S

38B 点 $P(3,\ -2,\ -4)$
に対して, 次の点の
座標を求めよ。

(1) yz 平面に関して
対称な点 Q

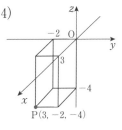

(2) zx 平面に関して対称な点 R

(3) z 軸に関して対称な点 S

例 38 2点 $P(2,\ 4,\ -5)$, $Q(4,\ -2,\ -8)$ 間の距離を求めよ。

解答 $PQ = \sqrt{(4-2)^2+(-2-4)^2+\{-8-(-5)\}^2} = \sqrt{49} = 7$

39A 次の 2 点間の距離を求めよ。

(1) $P(1,\ 3,\ -1)$, $Q(-2,\ 5,\ 1)$

(2) $O(0,\ 0,\ 0)$, $P(1,\ 2,\ -3)$

39B 次の 2 点間の距離を求めよ。

(1) $P(3,\ -2,\ 5)$, $Q(1,\ -1,\ 3)$

(2) $O(0,\ 0,\ 0)$, $P(2,\ -5,\ 4)$

検印

POINT 31
空間のベクトル
の計算

平面の場合と同様に，単位ベクトル，逆ベクトル，零ベクトル，ベクトルの相等，加法，減法，実数倍を定義する。

例 39 右の直方体 ABCD-EFGH において，直方体の頂点を始点
または終点とするベクトルについて，次の問いに答えよ。

(1) $\overrightarrow{GF}$ と等しいベクトルをすべて求めよ。

(2) $\overrightarrow{AF}$ の逆ベクトルをすべて求めよ。

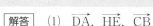

解答 (1) $\overrightarrow{DA}$, $\overrightarrow{HE}$, $\overrightarrow{CB}$　　(2) $\overrightarrow{FA}$, $\overrightarrow{GD}$

40A 直方体 ABCD-EFGH において，直
方体の頂点を始点または終点とするベクトル
について，次の問いに答えよ。

(1) $\overrightarrow{BC}$ と等しいベクトルをすべて求めよ。

(2) $\overrightarrow{AC}$ の逆ベクトルをすべて求めよ。

40B 直方体 ABCD-EFGH において，直
方体の頂点を始点または終点とするベクトル
について，次の問いに答えよ。

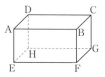

(1) $\overrightarrow{GH}$ と等しいベクトルをすべて求めよ。

(2) $\overrightarrow{DE}$ の逆ベクトルをすべて求めよ。

例 40 右の直方体 ABCD-EFGH において，次の等式が成り立つこと
を示せ。

(1) $\overrightarrow{EH} + \overrightarrow{DF} = \overrightarrow{AF}$　　(2) $\overrightarrow{BF} - \overrightarrow{CE} = \overrightarrow{AC}$

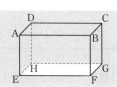

証明 (1) $\overrightarrow{EH} + \overrightarrow{DF} = \overrightarrow{AD} + \overrightarrow{DF}$
$= \overrightarrow{AF}$
したがって　$\overrightarrow{EH} + \overrightarrow{DF} = \overrightarrow{AF}$ が成り立つ。　終

(2) $\overrightarrow{BF} - \overrightarrow{CE} = \overrightarrow{CG} - \overrightarrow{CE}$
$= \overrightarrow{EG}$
$= \overrightarrow{AC}$
したがって　$\overrightarrow{BF} - \overrightarrow{CE} = \overrightarrow{AC}$ が成り立つ。　終

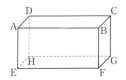

41A 直方体 ABCD-EFGH において，
次の等式が成り立つことを示せ。

$\overrightarrow{AB} + \overrightarrow{EH} = \overrightarrow{HG} + \overrightarrow{FG}$

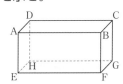

41B 直方体 ABCD-EFGH において，
次の等式が成り立つことを示せ。

$\overrightarrow{AG} - \overrightarrow{FG} = \overrightarrow{CF} - \overrightarrow{GE}$

例41 右の平行六面体 ABCD-EFGH において，$\overrightarrow{AB} = \vec{a}$，$\overrightarrow{AD} = \vec{b}$，
$\overrightarrow{AE} = \vec{c}$ とするとき，$\overrightarrow{HB}$ を $\vec{a}$, $\vec{b}$, $\vec{c}$ で表せ。

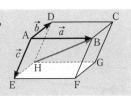

解答
$$\begin{aligned}
\overrightarrow{HB} &= \overrightarrow{HG} + \overrightarrow{GF} + \overrightarrow{FB} = \overrightarrow{AB} + \overrightarrow{DA} + \overrightarrow{EA} \\
&= \overrightarrow{AB} - \overrightarrow{AD} - \overrightarrow{AE} \\
&= \vec{a} - \vec{b} - \vec{c}
\end{aligned}$$

42A 直方体 ABCD-EFGH において
$\overrightarrow{AB} = \vec{a}$，$\overrightarrow{AD} = \vec{b}$，$\overrightarrow{AE} = \vec{c}$
とするとき，次のベクトルを $\vec{a}$, $\vec{b}$, $\vec{c}$ で表せ。

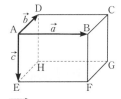

(1) $\overrightarrow{BD}$

(2) $\overrightarrow{CF}$

(3) $\overrightarrow{BH}$

42B 平行六面体 ABCD-EFGH において
$\overrightarrow{AB} = \vec{a}$，$\overrightarrow{AD} = \vec{b}$，$\overrightarrow{AE} = \vec{c}$
とするとき，次のベクトルを $\vec{a}$, $\vec{b}$, $\vec{c}$ で表せ。

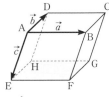

(1) $\overrightarrow{DG}$

(2) $\overrightarrow{EG}$

(3) $\overrightarrow{FD}$

検印

11 ベクトルの成分

POINT 32
ベクトルの相等

基本ベクトル $\vec{e_1}$, $\vec{e_2}$, $\vec{e_3}$ を用いて $\vec{a} = a_1\vec{e_1} + a_2\vec{e_2} + a_3\vec{e_3}$ と表されるとき，
$\vec{a} = (a_1,\ a_2,\ a_3)$ を $\vec{a}$ の成分表示という。
2つのベクトル $\vec{a} = (a_1,\ a_2,\ a_3)$, $\vec{b} = (b_1,\ b_2,\ b_3)$ に対して，
$$\vec{a} = \vec{b} \iff a_1 = b_1,\ a_2 = b_2,\ a_3 = b_3$$

例 42 2つのベクトル $\vec{a} = (x,\ -3,\ 5)$, $\vec{b} = (2,\ y-z,\ -y-z)$ について，$\vec{a} = \vec{b}$ のとき，$x,\ y,\ z$ の値を求めよ。

解答 $(x,\ -3,\ 5) = (2,\ y-z,\ -y-z)$ より
$$\begin{cases} x = 2 \\ -3 = y-z \\ 5 = -y-z \end{cases}$$
これを解いて $x = 2,\ y = -4,\ z = -1$

43A 2つのベクトル $\vec{a} = (2,\ -3,\ 1)$, $\vec{b} = (x+1,\ -y+2,\ z-3)$ について，$\vec{a} = \vec{b}$ のとき，$x,\ y,\ z$ の値を求めよ。

43B 2つのベクトル $\vec{a} = (-2x+y,\ x-y,\ 4)$, $\vec{b} = (-4,\ 1,\ z)$ について，$\vec{a} = \vec{b}$ のとき，$x,\ y,\ z$ の値を求めよ。

POINT 33
ベクトルの大きさ

$\vec{a} = (a_1,\ a_2,\ a_3)$ のとき
$$|\vec{a}| = \sqrt{a_1{}^2 + a_2{}^2 + a_3{}^2}$$

例 43 $\vec{a} = (3,\ -1,\ -4)$ のとき，$|\vec{a}|$ を求めよ。

解答 $|\vec{a}| = \sqrt{3^2 + (-1)^2 + (-4)^2} = \sqrt{26}$

44A 次のベクトルの大きさを求めよ。
(1) $\vec{a} = (2,\ 2,\ -1)$

44B 次のベクトルの大きさを求めよ。
(1) $\vec{a} = (-3,\ 5,\ 4)$

(2) $\vec{b} = (-2,\ 5,\ -4)$

(2) $\vec{b} = (-2,\ -7,\ -1)$

[1]　$(a_1,\ a_2,\ a_3)+(b_1,\ b_2,\ b_3)=(a_1+b_1,\ a_2+b_2,\ a_3+b_3)$

[2]　$(a_1,\ a_2,\ a_3)-(b_1,\ b_2,\ b_3)=(a_1-b_1,\ a_2-b_2,\ a_3-b_3)$

[3]　$k(a_1,\ a_2,\ a_3)=(ka_1,\ ka_2,\ ka_3)$　　ただし，k は実数

例44　$\vec{a}=(2,\ -4,\ 5),\ \vec{b}=(-1,\ -3,\ 3)$ のとき，$3\vec{a}-2\vec{b}$ を成分表示せよ。

解答　$3\vec{a}-2\vec{b}=3(2,\ -4,\ 5)-2(-1,\ -3,\ 3)$

$=(6+2,\ -12+6,\ 15-6)=(8,\ -6,\ 9)$

45A　$\vec{a}=(2,\ -3,\ 4),\ \vec{b}=(-2,\ 3,\ 1)$ のとき，$\vec{a}+2\vec{b}$ を成分表示せよ。

45B　$\vec{a}=(3,\ 1,\ -4),\ \vec{b}=(-2,\ 2,\ -3)$ のとき，$2\vec{a}-3\vec{b}$ を成分表示せよ。

2点 $A(a_1,\ a_2,\ a_3),\ B(b_1,\ b_2,\ b_3)$ のとき

$\overrightarrow{AB}=(b_1-a_1,\ b_2-a_2,\ b_3-a_3)$

$|\overrightarrow{AB}|=\sqrt{(b_1-a_1)^2+(b_2-a_2)^2+(b_3-a_3)^2}$

例45　2点 $A(5,\ -6,\ 1),\ B(3,\ -2,\ 7)$ について，$\overrightarrow{AB}$ を成分表示せよ。また，$|\overrightarrow{AB}|$ を求めよ。

解答　$\overrightarrow{AB}=(3-5,\ -2-(-6),\ 7-1)$　　　$|\overrightarrow{AB}|=\sqrt{(-2)^2+4^2+6^2}$

$=(-2,\ 4,\ 6)$　　　　　　　　　　　$=\sqrt{56}=2\sqrt{14}$

46A　2点 $A(5,\ -1,\ -6),\ B(2,\ 1,\ 2)$ について，$\overrightarrow{AB}$ を成分表示せよ。また，$|\overrightarrow{AB}|$ を求めよ。

46B　2点 $A(3,\ 2,\ 1),\ B(1,\ 1,\ 1)$ について，$\overrightarrow{AB}$ を成分表示せよ。また，$|\overrightarrow{AB}|$ を求めよ。

検印

12 ベクトルの内積

POINT 36
ベクトルの内積

$\vec{0}$ でない 2 つのベクトル $\vec{a}$ と $\vec{b}$ のなす角を θ とするとき
$$\vec{a} \cdot \vec{b} = |\vec{a}||\vec{b}|\cos\theta \qquad \text{ただし，} 0° \leqq \theta \leqq 180°$$
また，$\vec{a} = \vec{0}$ または $\vec{b} = \vec{0}$ のときは，$\vec{a} \cdot \vec{b} = 0$ と定める。

例 46　1 辺の長さが 2 の立方体 ABCD-EFGH において，次の内積を求めよ。

(1) $\overrightarrow{AB} \cdot \overrightarrow{EG}$　　　　　(2) $\overrightarrow{AD} \cdot \overrightarrow{HF}$

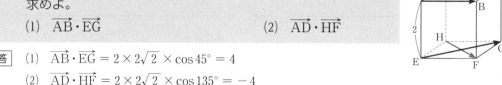

解答　(1) $\overrightarrow{AB} \cdot \overrightarrow{EG} = 2 \times 2\sqrt{2} \times \cos 45° = 4$

(2) $\overrightarrow{AD} \cdot \overrightarrow{HF} = 2 \times 2\sqrt{2} \times \cos 135° = -4$

47A　1 辺の長さが 2 の立方体 ABCD-EFGH において，次の内積を求めよ。

(1) $\overrightarrow{BD} \cdot \overrightarrow{FG}$

(2) $\overrightarrow{AC} \cdot \overrightarrow{AF}$

47B　1 辺の長さが 4 の立方体 ABCD-EFGH において，次の内積を求めよ。

(1) $\overrightarrow{DC} \cdot \overrightarrow{FH}$

(2) $\overrightarrow{CA} \cdot \overrightarrow{CF}$

POINT 37
内積と成分

$\vec{a} = (a_1,\ a_2,\ a_3)$, $\vec{b} = (b_1,\ b_2,\ b_3)$ のとき
$$\vec{a} \cdot \vec{b} = a_1 b_1 + a_2 b_2 + a_3 b_3$$

例 47　$\vec{a} = (2,\ -3,\ 4)$, $\vec{b} = (5,\ 2,\ -2)$ のとき，内積 $\vec{a} \cdot \vec{b}$ を求めよ。

解答　$\vec{a} \cdot \vec{b} = 2 \times 5 + (-3) \times 2 + 4 \times (-2) = -4$

48A　次のベクトル $\vec{a}$, $\vec{b}$ について，内積 $\vec{a} \cdot \vec{b}$ を求めよ。

(1) $\vec{a} = (1,\ 2,\ -3)$, $\vec{b} = (5,\ 4,\ 3)$

(2) $\vec{a} = (2,\ -4,\ 1)$, $\vec{b} = (3,\ 0,\ -5)$

48B　次のベクトル $\vec{a}$, $\vec{b}$ について，内積 $\vec{a} \cdot \vec{b}$ を求めよ。

(1) $\vec{a} = (3,\ -2,\ 1)$, $\vec{b} = (4,\ -5,\ -7)$

(2) $\vec{a} = (6,\ -3,\ 2)$, $\vec{b} = (-2,\ -2,\ 3)$

POINT 38
ベクトルのなす角

$\vec{0}$ でない 2 つのベクトル $\vec{a}$ と $\vec{b}$ のなす角を θ, $\vec{a} = (a_1,\ a_2,\ a_3)$, $\vec{b} = (b_1,\ b_2,\ b_3)$ とすると

$$\cos\theta = \frac{\vec{a}\cdot\vec{b}}{|\vec{a}||\vec{b}|} = \frac{a_1 b_1 + a_2 b_2 + a_3 b_3}{\sqrt{a_1{}^2 + a_2{}^2 + a_3{}^2}\sqrt{b_1{}^2 + b_2{}^2 + b_3{}^2}} \quad \text{ただし,} \ 0° \leqq \theta \leqq 180°$$

例 48
$\vec{a} = (1,\ -2,\ -1)$, $\vec{b} = (1,\ 1,\ 2)$ のとき, 2 つのベクトル $\vec{a}$ と $\vec{b}$ のなす角 θ を求めよ。

解答
$$\vec{a}\cdot\vec{b} = 1\times1 + (-2)\times1 + (-1)\times2 = -3$$
$$|\vec{a}| = \sqrt{1^2 + (-2)^2 + (-1)^2} = \sqrt{6}$$
$$|\vec{b}| = \sqrt{1^2 + 1^2 + 2^2} = \sqrt{6}$$

よって $\cos\theta = \dfrac{\vec{a}\cdot\vec{b}}{|\vec{a}||\vec{b}|} = \dfrac{-3}{\sqrt{6}\times\sqrt{6}} = -\dfrac{1}{2}$

したがって, $0° \leqq \theta \leqq 180°$ より $\theta = 120°$

49A $\vec{a} = (4,\ -1,\ -1)$, $\vec{b} = (2,\ 1,\ -2)$ のとき, 2 つのベクトル $\vec{a}$ と $\vec{b}$ のなす角 θ を求めよ。

49B $\vec{a} = (1,\ -2,\ 2)$, $\vec{b} = (-1,\ 1,\ 0)$ のとき, 2 つのベクトル $\vec{a}$ と $\vec{b}$ のなす角 θ を求めよ。

POINT 39
ベクトルの垂直

$\vec{a} \neq \vec{0}$, $\vec{b} \neq \vec{0}$ で, $\vec{a} = (a_1,\ a_2,\ a_3)$, $\vec{b} = (b_1,\ b_2,\ b_3)$ のとき

[1] $\vec{a} \perp \vec{b} \iff \vec{a}\cdot\vec{b} = 0$

[2] $\vec{a} \perp \vec{b} \iff a_1 b_1 + a_2 b_2 + a_3 b_3 = 0$

例 49
$\vec{a} = (2,\ y,\ -3)$, $\vec{b} = (1,\ 2,\ 4)$ が垂直となるような y の値を求めよ。

解答 $\vec{a}\cdot\vec{b} = 0$ より $2\times1 + y\times2 + (-3)\times4 = 0$
よって $y = 5$

50A $\vec{a} = (1,\ 2,\ -1)$, $\vec{b} = (x,\ 1,\ 3)$ が垂直となるような x の値を求めよ。

50B $\vec{a} = (3,\ 1,\ -5)$, $\vec{b} = (6,\ -3,\ z)$ が垂直となるような z の値を求めよ。

$\vec{a} = (a_1,\ a_2,\ a_3),\ \vec{b} = (b_1,\ b_2,\ b_3)$ のとき
$$\vec{a} \perp \vec{b} \iff a_1 b_1 + a_2 b_2 + a_3 b_3 = 0$$
$$|\overrightarrow{AB}| = \sqrt{(b_1 - a_1)^2 + (b_2 - a_2)^2 + (b_3 - a_3)^2}$$

例 50　2つのベクトル $\vec{a} = (2,\ 1,\ -2),\ \vec{b} = (-4,\ 0,\ 2)$ の両方に垂直で，大きさが6であるベクトルを求めよ。

解答　求めるベクトルを $\vec{p} = (x,\ y,\ z)$ とすると，

$\vec{a} \perp \vec{p}$ より $\vec{a} \cdot \vec{p} = 0$ であるから　　$2x + y - 2z = 0$　　……①

$\vec{b} \perp \vec{p}$ より $\vec{b} \cdot \vec{p} = 0$ であるから　　$-4x + 2z = 0$　　……②

また，$|\vec{p}| = 6$ より　　$\sqrt{x^2 + y^2 + z^2} = 6$

よって　　　　$x^2 + y^2 + z^2 = 36$　　　　　　……③

①＋②より　$y = 2x$　　　　　　　　　　　　……④

②より　　　$z = 2x$　　　　　　　　　　　　……⑤

④，⑤を③に代入して　　$x = \pm 2$

④，⑤より　$x = 2$　のとき　　$y = 4,\ z = 4$

　　　　　　　$x = -2$　のとき　$y = -4,\ z = -4$

よって，求めるベクトルは　$(2,\ 4,\ 4),\ (-2,\ -4,\ -4)$

ROUND 2

51A　2つのベクトル $\vec{a} = (2,\ -2,\ 1),$
$\vec{b} = (2,\ 3,\ -4)$ の両方に垂直で，大きさが 3 であるベクトルを求めよ。

51B　2つのベクトル $\vec{a} = (2,\ 1,\ -1),$
$\vec{b} = (-1,\ 0,\ 2)$ の両方に垂直な単位ベクトルを求めよ。

検印

13 位置ベクトルと空間の図形

POINT 41

内分点・外分点の
位置ベクトル

2点 $A(\vec{a})$, $B(\vec{b})$ を結ぶ線分 AB を

$m:n$ に内分する点を $P(\vec{p})$ とすると $\quad \vec{p} = \dfrac{n\vec{a} + m\vec{b}}{m+n}$

とくに，線分 AB の中点を $M(\vec{m})$ とすると $\quad \vec{m} = \dfrac{\vec{a} + \vec{b}}{2}$

$m:n$ に外分する点を $Q(\vec{q})$ とすると $\quad \vec{q} = \dfrac{-n\vec{a} + m\vec{b}}{m-n}$

例 51 四面体 OABC において，辺 OC，AB の中点をそれぞれ M, N とする。点 O を基準とする A, B, C の位置ベクトルをそれぞれ $\vec{a}$, $\vec{b}$, $\vec{c}$ として，$\overrightarrow{MN}$ を $\vec{a}$, $\vec{b}$, $\vec{c}$ で表せ。

解答 $\quad \overrightarrow{OM} = \dfrac{1}{2}\vec{c}$, $\quad \overrightarrow{ON} = \dfrac{\vec{a} + \vec{b}}{2}$

より $\quad \overrightarrow{MN} = \overrightarrow{ON} - \overrightarrow{OM}$

$\qquad = \dfrac{\vec{a} + \vec{b}}{2} - \dfrac{1}{2}\vec{c} = \dfrac{\vec{a} + \vec{b} - \vec{c}}{2}$

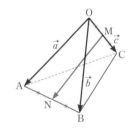

52A 四面体 OABC において，辺 AB を $2:1$ に内分する点を P，辺 BC の中点を M とする。点 O を基準とする A, B, C の位置ベクトルをそれぞれ $\vec{a}$, $\vec{b}$, $\vec{c}$ として，$\overrightarrow{MP}$ を $\vec{a}$, $\vec{b}$, $\vec{c}$ で表せ。

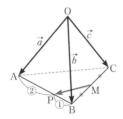

52B 四面体 OABC において，辺 OC を $3:1$ に内分する点を P，辺 BC の中点を M とする。点 O を基準とする A, B, C の位置ベクトルをそれぞれ $\vec{a}$, $\vec{b}$, $\vec{c}$ として，$\overrightarrow{MP}$ を $\vec{a}$, $\vec{b}$, $\vec{c}$ で表せ。

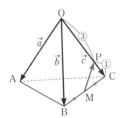

内分点・外分点の座標

2点 $A(a_1, a_2, a_3)$, $B(b_1, b_2, b_3)$ を結ぶ線分 AB を
$m : n$ に内分する点の座標は
$$\left(\frac{na_1 + mb_1}{m + n}, \ \frac{na_2 + mb_2}{m + n}, \ \frac{na_3 + mb_3}{m + n} \right)$$
$m : n$ に外分する点の座標は
$$\left(\frac{-na_1 + mb_1}{m - n}, \ \frac{-na_2 + mb_2}{m - n}, \ \frac{-na_3 + mb_3}{m - n} \right)$$

例 52 2点 $A(-1, 3, -2)$, $B(2, -3, 4)$ に対して，次の各点の座標を求めよ。

(1) 線分 AB を $2 : 1$ に内分する点 P   (2) 線分 AB を $2 : 1$ に外分する点 Q

解答 (1) $P(x, y, z)$ とすると

$$x = \frac{1 \times (-1) + 2 \times 2}{2 + 1} = 1$$

$$y = \frac{1 \times 3 + 2 \times (-3)}{2 + 1} = -1$$

$$z = \frac{1 \times (-2) + 2 \times 4}{2 + 1} = 2$$

よって $P(1, -1, 2)$

(2) $Q(x, y, z)$ とすると

$$x = \frac{-1 \times (-1) + 2 \times 2}{2 - 1} = 5$$

$$y = \frac{-1 \times 3 + 2 \times (-3)}{2 - 1} = -9$$

$$z = \frac{-1 \times (-2) + 2 \times 4}{2 - 1} = 10$$

よって $Q(5, -9, 10)$

53A 2点 $A(1, 2, -2)$, $B(8, -5, 5)$ を結ぶ線分 AB に対して，次の各点の座標を求めよ。

(1) 線分 AB を $4 : 3$ に内分する点 P

(2) 線分 AB を $4 : 3$ に外分する点 Q

53B 2点 $A(-3, 5, -2)$, $B(2, 0, -7)$ を結ぶ線分 AB に対して，次の各点の座標を求めよ。

(1) 線分 AB を $2 : 3$ に内分する点 P

(2) 線分 AB を $2 : 3$ に外分する点 Q

POINT 43
一直線上にある3点

3点 A，B，C が一直線上にある
$\iff$ $\overrightarrow{AC} = k\overrightarrow{AB}$ となる実数 k がある

例 53 四面体 OABC において，$\triangle$ABC の重心を G，辺 OA，BC の中点をそれぞれ M，N とする。線分 OG を 3：1 に内分する点をPとするとき，3点 M，P，N は一直線上にあることを証明せよ。

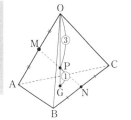

証明 $\overrightarrow{OA} = \vec{a}$，$\overrightarrow{OB} = \vec{b}$，$\overrightarrow{OC} = \vec{c}$ とすると $\overrightarrow{OG} = \dfrac{\vec{a} + \vec{b} + \vec{c}}{3}$

よって $\overrightarrow{OP} = \dfrac{3}{4}\overrightarrow{OG} = \dfrac{\vec{a} + \vec{b} + \vec{c}}{4}$

また，$\overrightarrow{OM} = \dfrac{1}{2}\vec{a}$，$\overrightarrow{ON} = \dfrac{\vec{b} + \vec{c}}{2}$ であるから

$\overrightarrow{MP} = \overrightarrow{OP} - \overrightarrow{OM} = \dfrac{\vec{a} + \vec{b} + \vec{c}}{4} - \dfrac{1}{2}\vec{a} = \dfrac{1}{4}(-\vec{a} + \vec{b} + \vec{c})$ ……①

$\overrightarrow{MN} = \overrightarrow{ON} - \overrightarrow{OM} = \dfrac{\vec{b} + \vec{c}}{2} - \dfrac{1}{2}\vec{a} = \dfrac{1}{2}(-\vec{a} + \vec{b} + \vec{c})$ ……②

①，②より $\overrightarrow{MN} = 2\overrightarrow{MP}$

したがって，3点 M，P，N は一直線上にある。 **終**

ROUND 2

54 平行六面体 ABCD-EFGH において，$\triangle$BDE の重心を P，線分 AE の中点を M とするとき，3点 M，P，C は一直線上にあることを証明せよ。

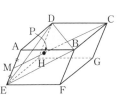

同じ平面上にある
4点

点 P が一直線上にない 3 点 A，B，C と同じ平面上にある
$\iff \overrightarrow{AP} = s\overrightarrow{AB} + t\overrightarrow{AC}$ となる実数 s，t がある

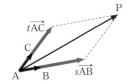

例 54　点 P$(x, 0, 5)$ が 3 点 A$(2, -4, 3)$，B$(-1, -3, 7)$，C$(5, -6, 9)$ と同じ平面上
にあるとき，x の値を求めよ。

解答　$\overrightarrow{AB} = (-3, 1, 4)$，$\overrightarrow{AC} = (3, -2, 6)$ より $\overrightarrow{AC} = k\overrightarrow{AB}$ となる実数 k は存在しないから，

3 点 A，B，C は一直線上にない。

ゆえに，点 P が 3 点 A，B，C と同じ平面上にあるとき，$\overrightarrow{AP} = s\overrightarrow{AB} + t\overrightarrow{AC}$ となる実数
s，t がある。

よって　$\overrightarrow{AP} = (x-2, 4, 2)$ より

$(x-2, 4, 2) = s(-3, 1, 4) + t(3, -2, 6) = (-3s+3t, s-2t, 4s+6t)$

すなわち
$$\begin{cases} x-2 = -3s+3t & \cdots\cdots① \\ 4 = s-2t & \cdots\cdots② \\ 2 = 4s+6t & \cdots\cdots③ \end{cases}$$

②，③より　$s = 2$，$t = -1$　　これらの値を①に代入して　$x = -7$

ROUND **2**

55A　点 P$(x, -3, 8)$ が 3 点 A$(2, 0, 3)$，
B$(1, 3, -1)$，C$(-3, 1, 2)$ と同じ平面上に
あるとき，x の値を求めよ。

55B　点 P$(3, -4, z)$ が 3 点 A$(-1, 2, 3)$，
B$(1, 6, -6)$，C$(-2, 7, 0)$ と同じ平面上に
あるとき，z の値を求めよ。

POINT **45**
内積の利用

$\overrightarrow{OA} \neq \vec{0}$, $\overrightarrow{MN} \neq \vec{0}$ のとき

$$\overrightarrow{OA} \perp \overrightarrow{MN} \iff \overrightarrow{OA} \cdot \overrightarrow{MN} = 0$$

例 55 正四面体 OABC において，辺 OA，BC の中点をそれぞれ M，N とするとき，OA ⊥ MN であることをベクトルを用いて証明せよ。

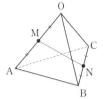

証明 $\overrightarrow{OA} = \vec{a}$, $\overrightarrow{OB} = \vec{b}$, $\overrightarrow{OC} = \vec{c}$ とすると

$$\overrightarrow{OM} = \frac{1}{2}\vec{a}, \qquad \overrightarrow{ON} = \frac{\vec{b}+\vec{c}}{2}$$

よって $\overrightarrow{MN} = \overrightarrow{ON} - \overrightarrow{OM} = \frac{\vec{b}+\vec{c}}{2} - \frac{1}{2}\vec{a} = \frac{1}{2}(-\vec{a}+\vec{b}+\vec{c})$

正四面体の 1 辺の長さを d とすると

$$\overrightarrow{OA} \cdot \overrightarrow{MN} = \vec{a} \cdot \left\{ \frac{1}{2}(-\vec{a}+\vec{b}+\vec{c}) \right\} = \frac{1}{2}(-|\vec{a}|^2 + \vec{a}\cdot\vec{b} + \vec{a}\cdot\vec{c})$$

$$= \frac{1}{2}(-|\vec{a}|^2 + |\vec{a}||\vec{b}|\cos 60° + |\vec{a}||\vec{c}|\cos 60°)$$

$$= \frac{1}{2}\left(-d^2 + \frac{1}{2}d^2 + \frac{1}{2}d^2\right) = 0$$

ここで，$\overrightarrow{OA} \neq \vec{0}$, $\overrightarrow{MN} \neq \vec{0}$ であるから

OA ⊥ MN **終**

ROUND **2**

56 正四面体 OABC において，△ABC の重心を G とする。このとき，OG ⊥ AB，OG ⊥ AC であることをベクトルを用いて証明せよ。

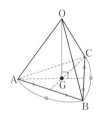

座標平面に平行な
平面の方程式

点 $(a,\ 0,\ 0)$ を通り，yz 平面に平行な平面の方程式は　$x=a$
点 $(0,\ b,\ 0)$ を通り，zx 平面に平行な平面の方程式は　$y=b$
点 $(0,\ 0,\ c)$ を通り，xy 平面に平行な平面の方程式は　$z=c$

例 56　点 $(-3,\ 2,\ -1)$ を通り，yz 平面に平行な平面の方程式を求めよ。

解答　$x=-3$

57A　点 $(2,\ 1,\ -4)$ を通り，次の平面に平行な平面の方程式を求めよ。

(1)　xy 平面

(2)　yz 平面

57B　点 $(-2,\ 5,\ -3)$ を通り，次の平面に平行な平面の方程式を求めよ。

(1)　zx 平面

(2)　xy 平面

POINT 47

球面の方程式

点 $(a,\ b,\ c)$ を中心とする半径 r の球面の方程式は
$$(x-a)^2+(y-b)^2+(z-c)^2=r^2$$
とくに，原点 O を中心とする半径 r の球面の方程式は　$x^2+y^2+z^2=r^2$

例 57　点 $(-4,\ 3,\ 1)$ を中心とする半径 5 の球面の方程式を求めよ。

解答　　　$\{x-(-4)\}^2+(y-3)^2+(z-1)^2=5^2$
すなわち　$(x+4)^2+(y-3)^2+(z-1)^2=25$

58A　次の球面の方程式を求めよ。

(1)　中心が点 $(2,\ 3,\ -1)$，半径が 4

(2)　中心が原点，点 $(1,\ -2,\ 2)$ を通る

58B　次の球面の方程式を求めよ。

(1)　中心が原点，半径が 5

(2)　中心が点 $(1,\ 4,\ -2)$，xy 平面に接する

POINT 48
直径の両端の中点と球の中心は一致する。

直径の両端が与えられた球面

例 58　2点 A$(1, 3, -8)$, B$(-5, 1, 2)$ を直径の両端とする球面の方程式を求めよ。

解答　線分 AB の中点を C とすると, 点 C が求める球面の中心であり, 線分 CA の長さが半径である。点 C の座標は

$$\left(\frac{1+(-5)}{2}, \frac{3+1}{2}, \frac{-8+2}{2}\right) \text{ より } C(-2, 2, -3)$$

このとき　$CA = \sqrt{\{1-(-2)\}^2+(3-2)^2+\{-8-(-3)\}^2} = \sqrt{35}$

したがって, 求める球面の方程式は　$(x+2)^2+(y-2)^2+(z+3)^2 = (\sqrt{35})^2$

すなわち　$(x+2)^2+(y-2)^2+(z+3)^2 = 35$

59A　2点 A$(5, 3, 2)$, B$(1, -1, -4)$ を直径の両端とする球面の方程式を求めよ。

59B　2点 A$(2, 5, -2)$, B$(4, 5, 0)$ を直径の両端とする球面の方程式を求めよ。

POINT 49

球面と平面が交わる部分

xy 平面は方程式 $z=0$ で表される。球面と xy 平面が交わる図形は球面の方程式と $z=0$ との連立方程式で表される。

例 59 球面 $(x+2)^2+(y-3)^2+(z-4)^2=25$ と xy 平面が交わる部分は円である。この円の中心の座標と半径を求めよ。

解答　xy 平面は方程式 $z=0$ で表されるから，球面の方程式に $z=0$ を代入すると

$$(x+2)^2+(y-3)^2+(0-4)^2=25$$

より　$(x+2)^2+(y-3)^2=9$

この方程式の表す図形は xy 平面上では円であり，

中心の座標は $(-2,\ 3,\ 0)$，半径は 3 である。

ROUND 2

60A 球面 $(x-3)^2+(y-5)^2+(z+1)^2=10$ と yz 平面が交わってできる円の中心の座標と半径を求めよ。

60B 球面 $(x+1)^2+(y-6)^2+(z-2)^2=50$ と zx 平面が交わってできる円の中心の座標と半径を求めよ。

検印

例題 1 ベクトルの大きさと最小値 ▶國p.67 章末2

$\vec{a} = (3, 2)$, $\vec{b} = (1, 3)$ とする。t がすべての実数をとって変化するとき，$|\vec{a} + t\vec{b}|$ の最小値とそのときの t の値を求めよ。

解答 $\vec{a} + t\vec{b} = (3, 2) + t(1, 3) = (3+t, 2+3t)$ であるから

$$|\vec{a} + t\vec{b}|^2 = (3+t)^2 + (2+3t)^2$$
$$= 10t^2 + 18t + 13$$
$$= 10\left(t^2 + \frac{9}{5}t\right) + 13$$
$$= 10\left(t + \frac{9}{10}\right)^2 - \frac{81}{10} + 13$$
$$= 10\left(t + \frac{9}{10}\right)^2 + \frac{49}{10}$$

$|\vec{a} + t\vec{b}|^2$ が最小のとき，$|\vec{a} + t\vec{b}|$ も最小となる。

よって，$|\vec{a} + t\vec{b}|$ は $t = -\dfrac{9}{10}$ のとき，最小値 $\dfrac{7\sqrt{10}}{10}$ をとる。 答

61 $\vec{a} = (2, 1)$, $\vec{b} = (-3, 2)$ とする。t がすべての実数をとって変化するとき，$|\vec{a} + t\vec{b}|$ の最小値とそのときの t の値を求めよ。

△ABC と点 P に対し，$2\overrightarrow{\mathrm{AP}}+3\overrightarrow{\mathrm{BP}}+\overrightarrow{\mathrm{CP}}=\vec{0}$ が成り立つとき，次の問いに答えよ。

(1)　点 P は △ABC においてどのような位置にあるか。

(2)　面積比 △PAB：△PBC：△PCA を求めよ。

解答 (1)　$2\overrightarrow{\mathrm{AP}}+3\overrightarrow{\mathrm{BP}}+\overrightarrow{\mathrm{CP}}=\vec{0}$ より　$2\overrightarrow{\mathrm{AP}}+3(\overrightarrow{\mathrm{AP}}-\overrightarrow{\mathrm{AB}})+(\overrightarrow{\mathrm{AP}}-\overrightarrow{\mathrm{AC}})=\vec{0}$

$\qquad 6\overrightarrow{\mathrm{AP}}=3\overrightarrow{\mathrm{AB}}+\overrightarrow{\mathrm{AC}}$

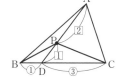

よって　$\overrightarrow{\mathrm{AP}}=\dfrac{3\overrightarrow{\mathrm{AB}}+\overrightarrow{\mathrm{AC}}}{6}=\dfrac{2}{3}\cdot\dfrac{3\overrightarrow{\mathrm{AB}}+\overrightarrow{\mathrm{AC}}}{4}$

ここで，辺 BC を 1：3 に内分する点を D とすると

$\overrightarrow{\mathrm{AD}}=\dfrac{3\overrightarrow{\mathrm{AB}}+\overrightarrow{\mathrm{AC}}}{4}$ であるから　　$\overrightarrow{\mathrm{AP}}=\dfrac{2}{3}\overrightarrow{\mathrm{AD}}$

したがって，**辺 BC を 1：3 に内分する点を D とするとき，点 P は線分 AD を 2：1 に内分する点である。**　答

(2)　△ABC の面積を S とおくと，BD：DC ＝ 1：3 であるから

$\qquad \triangle\mathrm{ADB}=\dfrac{1}{4}S,\qquad \triangle\mathrm{ADC}=\dfrac{3}{4}S$

AP：PD ＝ 2：1 であるから　$\triangle\mathrm{PAB}=\dfrac{2}{3}\triangle\mathrm{ADB}=\dfrac{2}{3}\cdot\dfrac{1}{4}S=\dfrac{1}{6}S,$

$\quad \triangle\mathrm{PCA}=\dfrac{2}{3}\triangle\mathrm{ADC}=\dfrac{2}{3}\cdot\dfrac{3}{4}S=\dfrac{1}{2}S,\qquad \triangle\mathrm{PBC}=S-\dfrac{1}{6}S-\dfrac{1}{2}S=\dfrac{1}{3}S$

よって，$\triangle\mathrm{PAB}：\triangle\mathrm{PBC}：\triangle\mathrm{PCA}=\dfrac{1}{6}S：\dfrac{1}{3}S：\dfrac{1}{2}S=\mathbf{1：2：3}$　答

62　△ABC と点 P に対し，$2\overrightarrow{\mathrm{AP}}+3\overrightarrow{\mathrm{BP}}+4\overrightarrow{\mathrm{CP}}=\vec{0}$ が成り立つとき，次の問いに答えよ。

(1)　点 P は △ABC においてどのような位置
　　にあるか。

(2)　面積比 △PAB：△PBC：△PCA を求
　　めよ。

例題 3　**3点が定める平面上の位置ベクトル**　▶数 p.69 思考力➕

直方体 OADB-CEGF において，辺 EG を $2:1$ に内分する点 H をとり，直線 OH と平面 ABC の交点を L とする。このとき，$\overrightarrow{OL}$ を $\overrightarrow{OA}$，$\overrightarrow{OB}$，$\overrightarrow{OC}$ を用いて表せ。

考え方　点 L が平面 ABC 上にある
$\iff \overrightarrow{OL} = r\overrightarrow{OA} + s\overrightarrow{OB} + t\overrightarrow{OC}$，$r+s+t=1$ となる実数 r, s, t がある。

解答　$\overrightarrow{OH} = \overrightarrow{OA} + \overrightarrow{AE} + \overrightarrow{EH} = \overrightarrow{OA} + \overrightarrow{OC} + \dfrac{2}{3}\overrightarrow{OB}$

点 L は直線 OH 上にあるから，$\overrightarrow{OL} = k\overrightarrow{OH}$ となる実数 k がある。

よって　$\overrightarrow{OL} = k\left(\overrightarrow{OA} + \dfrac{2}{3}\overrightarrow{OB} + \overrightarrow{OC}\right)$

$\qquad = k\overrightarrow{OA} + \dfrac{2}{3}k\overrightarrow{OB} + k\overrightarrow{OC}$ ……①

ここで，L は平面 ABC 上にあるから　$k + \dfrac{2}{3}k + k = 1$

これを解いて　$k = \dfrac{3}{8}$

したがって，①より　$\overrightarrow{OL} = \dfrac{3}{8}\overrightarrow{OA} + \dfrac{1}{4}\overrightarrow{OB} + \dfrac{3}{8}\overrightarrow{OC}$　**答**

63　直方体 OADB-CEGF において，辺 DG の G の側への延長上に $GH = 2DG$ となる点 H をとり，直線 OH と平面 ABC の交点を L とする。このとき，$\overrightarrow{OL}$ を $\overrightarrow{OA}$，$\overrightarrow{OB}$，$\overrightarrow{OC}$ を用いて表せ。

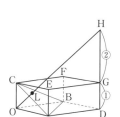

検印

14 複素数平面

▶敎 p.72〜77

POINT 50
複素数の相等

a, b, c, d を実数とするとき　$a+bi=c+di \iff a=c$ かつ $b=d$
とくに　　　　　　　　　　　$a+bi=0 \iff a=b=0$

例 60　$3x+(2y-1)i=6+5i$ を満たす実数 x, y の値を求めよ。

解答　$3x$, $2y-1$ は実数であるから　$3x=6$, $2y-1=5$　　　したがって　$x=2$, $y=3$

64A 等式 $(x+1)+(3y-2)i=-2+4i$ を満たす実数 x, y の値を求めよ。

64B 等式 $(2x+y)+(y-1)i=0$ を満たす実数 x, y の値を求めよ。

POINT 51
複素数の加法・減法・乗法

複素数の計算は，虚数単位 i を文字のように考えて，文字式の計算と同様に行い，i について整理した形にすればよい。i^2 が現れれば i^2 を -1 と置きかえて計算する。

例 61　次の計算をせよ。
　　(1)　$(3+i)+(-4+2i)$　　(2)　$(-2-3i)-(1-i)$　　(3)　$(5+2i)(3-i)$

解答　(1)　$(3+i)+(-4+2i)=(3-4)+(1+2)i=-1+3i$
　　(2)　$(-2-3i)-(1-i)=(-2-1)+\{-3-(-1)\}i=-3-2i$
　　(3)　$(5+2i)(3-i)=15-5i+6i-2i^2=15+i-2\times(-1)=17+i$

65A 次の計算をせよ。
(1)　$(6+5i)+(-3-7i)$

(2)　$(5+2i)(-1-3i)$

(3)　$(2+3i)(2-3i)$

65B 次の計算をせよ。
(1)　$(4-5i)-(8i+2)$

(2)　$(-2+i)(-5-4i)$

(3)　$(\sqrt{3}+2i)^2$

POINT 52
共役な複素数
複素数 $a + bi$ と共役な複素数は $a - bi$

例 62 複素数 $5 - 4i$ と共役な複素数を答えよ。

解答 $5 + 4i$

66A 次の複素数と共役な複素数を答えよ。

(1) $-1 + 3i$

(2) 5

66B 次の複素数と共役な複素数を答えよ。

(1) $2 - \sqrt{3}\,i$

(2) $2i$

POINT 53
複素数の除法
複素数の除法は，分母と共役な複素数を分母，分子に掛けるなどして，分母を実数に直して計算する。

例 63 $\dfrac{3 + i}{1 - 2i}$ を計算し，$a + bi$ の形にせよ。

解答 $\dfrac{3+i}{1-2i} = \dfrac{(3+i)(1+2i)}{(1-2i)(1+2i)} = \dfrac{3+6i+i+2i^2}{1-4i^2} = \dfrac{1+7i}{5} = \dfrac{1}{5} + \dfrac{7}{5}i$

67A 次の計算をし，$a + bi$ の形にせよ。

(1) $\dfrac{1 - 3i}{2 + i}$

(2) $\dfrac{4 + 3i}{2i}$

67B 次の計算をし，$a + bi$ の形にせよ。

(1) $\dfrac{5 + 3i}{-1 + i}$

(2) $\dfrac{2 - 3i}{2 + 3i}$

POINT 54
複素数平面

複素数平面 複素数 $a+bi$ を点 $(a,\ b)$ に対応させた座標平面を**複素数平面**といい，x 軸を**実軸**，y 軸を**虚軸**という。

共役な複素数 複素数 z と共役な複素数を $\bar{z}$ で表す。

$$z=a+bi \text{ のとき } \bar{z}=a-bi$$

点 z と点 $\bar{z}$ は，実軸に関して対称である。

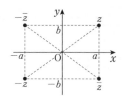

例 64 次の点を，複素数平面上に図示せよ。

(1) $A(1+2i)$　　(2) $B(-1+4i)$

(3) $C(-5-2i)$　　(4) $D(-4i)$

(5) $E(5)$

解答 右の図のようになる。

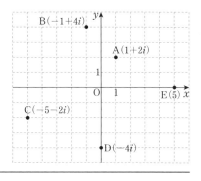

68A 次の点を，複素数平面上に図示せよ。

(1) $A(-3+2i)$

(2) $B(-4)$

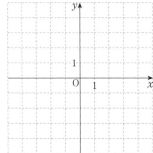

68B 次の点を，複素数平面上に図示せよ。

(1) $A(4-i)$

(2) $B(-2i)$

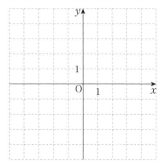

例 65 $z=2+3i$ のとき，点 $\bar{z}$ と点 $-z$ を図示せよ。

解答 右の図のようになる。

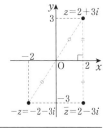

69A $z=-4+2i$ のとき，次の複素数を表す点を複素数平面上に図示せよ。

(1) $\bar{z}$

(2) $-z$

(3) $\overline{-z}$

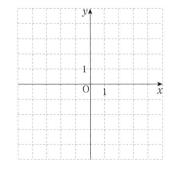

69B $z=3-4i$ のとき，次の複素数を表す点を複素数平面上に図示せよ。

(1) $\bar{z}$

(2) $-z$

(3) $\overline{-z}$

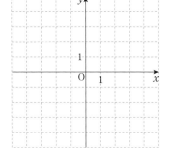

POINT 55
複素数の絶対値

複素数平面上で，原点 O と点 z の距離を複素数 z の**絶対値**といい，$|z|$ で表す。

$$z = a + bi \text{ のとき } |z| = |a + bi| = \sqrt{a^2 + b^2}$$

例 66 複素数 $5 + 2i$ と $-3i$ の絶対値を求めよ。

解答 $|5 + 2i| = \sqrt{5^2 + 2^2} = \sqrt{29}$

$|-3i| = \sqrt{0^2 + (-3)^2} = 3$ ← $-3i = 0 + (-3)i$

70A 次の複素数の絶対値を求めよ。

(1) $-2 + 5i$

(2) $6i$

70B 次の複素数の絶対値を求めよ。

(1) $7 - i$

(2) -5

POINT 56
複素数の和の図表示

$z = a + bi$, $w = p + qi$ とするとき，点 $z + w$ は，点 z を
実軸方向に p，虚軸方向に q
だけ移動した点である。

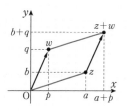

71A 次の複素数について，3 点 z, w, $z + w$ を複素数平面上に図示せよ。

$$z = 4 + i, \ w = 2 + 3i$$

71B 次の複素数について，3 点 z, w, $z + w$ を複素数平面上に図示せよ。

$$z = 3 - 2i, \ w = -2 - i$$

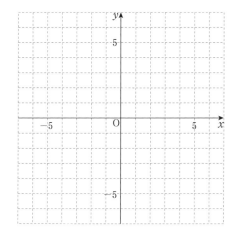

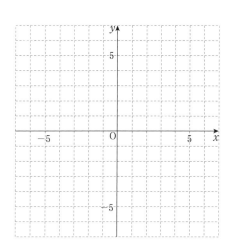

複素数平面上の２点 z, w 間の距離は　　$|z-w|$

例 67　　２点 $z=2+5i$, $w=4+2i$ 間の距離を求めよ。

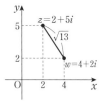

解答　　$|z-w|=|(2+5i)-(4+2i)|$

$=|-2+3i|$

$=\sqrt{(-2)^2+3^2}=\sqrt{13}$

← $|a+bi|=\sqrt{a^2+b^2}$

72A　２点 $z=4+3i$, $w=1+4i$ 間の距離を求めよ。

72B　２点 $z=-2+3i$, $w=-3-i$ 間の距離を求めよ。

例 68　　$z=2+i$ のとき，点 $2z$, $-3z$ をそれぞれ図示せよ。

解答　　$2z=4+2i$

$-3z=-6-3i$

であるから，$2z$, $-3z$ をそれぞれ複素数平面上に図示すると
右の図のようになる。

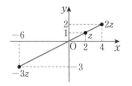

73A　$z=6-3i$ であるとき，次の点を複素数平面上に図示せよ。

(1)　$3z$

(2)　$-2z$

(3)　$-\dfrac{2}{3}z$

73B　$z=-4-2i$ であるとき，次の点を複素数平面上に図示せよ。

(1)　$2z$

(2)　$\dfrac{3}{2}z$

(3)　$-3z$

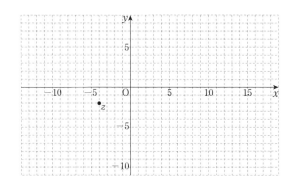

検印

15 複素数の極形式

▶教 p.78〜83

POINT 58
複素数の極形式

偏角　複素数 $z = a + bi$ について，2点 O, z を結ぶ線分が実軸の正の部分となす角 θ を z の**偏角**といい，$\arg z$ で表す。

極形式　複素数 $z = a + bi$ について，$r = |z|$，$\theta = \arg z$ とするとき，$a = r\cos\theta$, $b = r\sin\theta$ より
$$z = r(\cos\theta + i\sin\theta)$$
この表し方を，複素数 z の**極形式**という。

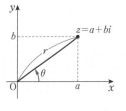

例 69　次の複素数を極形式で表せ。ただし，偏角 θ の範囲は $0 \leq \theta < 2\pi$ とする。

(1) $-1 + i$ 　　　　　　　　　　　(2) -4

解答　(1)　複素数 $z = -1 + i$ の極形式は
$$r = |z| = \sqrt{(-1)^2 + 1^2} = \sqrt{2}$$
$$\theta = \frac{3}{4}\pi$$
より　$z = \sqrt{2}\left(\cos\frac{3}{4}\pi + i\sin\frac{3}{4}\pi\right)$

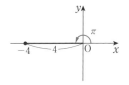

(2)　複素数 $z = -4$ の極形式は
$$r = |z| = 4$$
$$\theta = \pi$$
より　$z = 4(\cos\pi + i\sin\pi)$

74A　次の複素数を極形式で表せ。ただし，偏角 θ の範囲は $0 \leq \theta < 2\pi$ とする。

(1) $\sqrt{3} + i$

(2) $-1 - i$

(3) $4i$

74B　次の複素数を極形式で表せ。ただし，偏角 θ の範囲は $0 \leq \theta < 2\pi$ とする。

(1) $1 + \sqrt{3}\,i$

(2) $2 - 2i$

(3) 3

$z_1 = r_1(\cos\theta_1 + i\sin\theta_1)$, $z_2 = r_2(\cos\theta_2 + i\sin\theta_2)$ のとき
$z_1 z_2 = r_1 r_2\{\cos(\theta_1 + \theta_2) + i\sin(\theta_1 + \theta_2)\}$
$\dfrac{z_1}{z_2} = \dfrac{r_1}{r_2}\{\cos(\theta_1 - \theta_2) + i\sin(\theta_1 - \theta_2)\}$

例 70

$z_1 = 6\left(\cos\dfrac{\pi}{3} + i\sin\dfrac{\pi}{3}\right)$, $z_2 = 2\left(\cos\dfrac{\pi}{4} + i\sin\dfrac{\pi}{4}\right)$ のとき, 複素数 z_1, z_2 の積 $z_1 z_2$

と商 $\dfrac{z_1}{z_2}$ を極形式で表せ。

解答 $z_1 z_2 = 6 \times 2\left\{\cos\left(\dfrac{\pi}{3} + \dfrac{\pi}{4}\right) + i\sin\left(\dfrac{\pi}{3} + \dfrac{\pi}{4}\right)\right\}$

$= 12\left(\cos\dfrac{7}{12}\pi + i\sin\dfrac{7}{12}\pi\right)$

$\dfrac{z_1}{z_2} = \dfrac{6}{2}\left\{\cos\left(\dfrac{\pi}{3} - \dfrac{\pi}{4}\right) + i\sin\left(\dfrac{\pi}{3} - \dfrac{\pi}{4}\right)\right\} = 3\left(\cos\dfrac{\pi}{12} + i\sin\dfrac{\pi}{12}\right)$

75A 次の複素数 z_1, z_2 の積 $z_1 z_2$ と商 $\dfrac{z_1}{z_2}$ を極形式で表せ。

$z_1 = 3\left(\cos\dfrac{2}{3}\pi + i\sin\dfrac{2}{3}\pi\right)$,

$z_2 = 2\left(\cos\dfrac{\pi}{4} + i\sin\dfrac{\pi}{4}\right)$

75B 次の複素数 z_1, z_2 の積 $z_1 z_2$ と商 $\dfrac{z_1}{z_2}$ を極形式で表せ。

$z_1 = 4\left(\cos\dfrac{3}{2}\pi + i\sin\dfrac{3}{2}\pi\right)$,

$z_2 = \cos\dfrac{\pi}{6} + i\sin\dfrac{\pi}{6}$

例 71 $z_1 = -1 + \sqrt{3}\,i$, $z_2 = 1 + i$ について，次の問いに答えよ。

(1) z_1 と z_2 を極形式で表せ。　　　　(2) 積 $z_1 z_2$ と商 $\dfrac{z_1}{z_2}$ を極形式で表せ。

解答 (1) z_1, z_2 を極形式で表すと

$$z_1 = -1 + \sqrt{3}\,i = 2\left(\cos\frac{2}{3}\pi + i\sin\frac{2}{3}\pi\right)$$

$$z_2 = 1 + i = \sqrt{2}\left(\cos\frac{\pi}{4} + i\sin\frac{\pi}{4}\right)$$

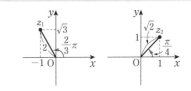

(2) $z_1 z_2 = 2 \times \sqrt{2}\left\{\cos\left(\frac{2}{3}\pi + \frac{\pi}{4}\right) + i\sin\left(\frac{2}{3}\pi + \frac{\pi}{4}\right)\right\} = 2\sqrt{2}\left(\cos\frac{11}{12}\pi + i\sin\frac{11}{12}\pi\right)$

$\dfrac{z_1}{z_2} = \dfrac{2}{\sqrt{2}}\left\{\cos\left(\frac{2}{3}\pi - \frac{\pi}{4}\right) + i\sin\left(\frac{2}{3}\pi - \frac{\pi}{4}\right)\right\} = \sqrt{2}\left(\cos\frac{5}{12}\pi + i\sin\frac{5}{12}\pi\right)$

76A $z_1 = 1 + \sqrt{3}\,i$, $z_2 = 3 + 3i$ について，次の問いに答えよ。

(1) z_1 と z_2 を極形式で表せ。

(2) 積 $z_1 z_2$ と商 $\dfrac{z_1}{z_2}$ を極形式で表せ。

76B $z_1 = 1 - i$, $z_2 = \sqrt{3} + i$ について，次の問いに答えよ。

(1) z_1 と z_2 を極形式で表せ。

(2) 積 $z_1 z_2$ と商 $\dfrac{z_1}{z_2}$ を極形式で表せ。

77A $z_1 = -1 + i$, $z_2 = \sqrt{3} + 3i$ について，積 $z_1 z_2$ と商 $\dfrac{z_1}{z_2}$ を極形式で表せ。

77B $z_1 = -2i$, $z_2 = -\sqrt{6} + \sqrt{2}\,i$ について，積 $z_1 z_2$ と商 $\dfrac{z_1}{z_2}$ を極形式で表せ。

POINT 60
複素数の積の図表示

$w = r(\cos\theta + i\sin\theta)$ とするとき，点 wz は，点 z を原点のまわりに θ だけ回転し，原点からの距離を r 倍した点である。

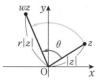

例 72 点 $(1+i)z$ は，点 z をどのように移動した点か。

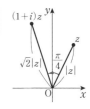

解答 $1+i = \sqrt{2}\left(\cos\dfrac{\pi}{4} + i\sin\dfrac{\pi}{4}\right)$ より，点 $(1+i)z$ は，点 z を原点の

まわりに $\dfrac{\pi}{4}$ だけ回転し，原点からの距離を $\sqrt{2}$ 倍した点である。

78A 次の点は，点 z をどのように移動した点か。

(1) $(\sqrt{3} + i)z$

(2) $-5z$

78B 次の点は，点 z をどのように移動した点か。

(1) $(-\sqrt{3} - i)z$

(2) $-7iz$

POINT 61
複素数の回転

$w = \cos\theta + i\sin\theta$ とするとき，点 wz は，点 z を原点のまわりに θ だけ回転した点である。

例 73 $z = 2+2i$ のとき，点 z を原点のまわりに $\dfrac{\pi}{3}$ だけ回転した点を表す複素数を求めよ。

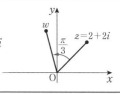

解答 求める複素数は

$$\left(\cos\dfrac{\pi}{3} + i\sin\dfrac{\pi}{3}\right)z = \left(\dfrac{1}{2} + \dfrac{\sqrt{3}}{2}i\right)(2+2i) = (1-\sqrt{3}) + (1+\sqrt{3})i$$

79A $z = \sqrt{3} + 2i$ のとき，点 z を原点のまわりに $\dfrac{\pi}{6}$ だけ回転した点を表す複素数を求めよ。

79B $z = 1 - \sqrt{3}\,i$ のとき，点 z を原点のまわりに $\dfrac{4}{3}\pi$ だけ回転した点を表す複素数を求めよ。

POINT 62
複素数の商の図表示

$w = r(\cos\theta + i\sin\theta)$ とするとき，点 $\dfrac{z}{w}$ は，点 z を原点のまわりに $-\theta$ だけ回転し，原点からの距離を $\dfrac{1}{r}$ 倍した点である。

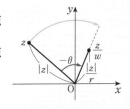

例74 点 $\dfrac{z}{\sqrt{3}+i}$ は，点 z をどのように移動した点か。

[解答] $\sqrt{3}+i = 2\left(\cos\dfrac{\pi}{6} + i\sin\dfrac{\pi}{6}\right)$ より

点 $\dfrac{z}{\sqrt{3}+i}$ は，点 z を原点のまわりに $-\dfrac{\pi}{6}$ だけ回転し，原点からの距離を $\dfrac{1}{2}$ 倍した点である。

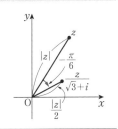

80A 点 $\dfrac{z}{2+2i}$ は，点 z をどのように移動した点か。

80B 点 $\dfrac{z}{-\sqrt{3}+3i}$ は，点 z をどのように移動した点か。

検印

16 ド・モアブルの定理

▶教 p.84〜87

POINT 63

ド・モアブルの定理

n が整数のとき

$$(\cos\theta + i\sin\theta)^n = \cos n\theta + i\sin n\theta$$

例 75 $\left(\cos\dfrac{\pi}{3} + i\sin\dfrac{\pi}{3}\right)^4$ を計算せよ。

解答 $\left(\cos\dfrac{\pi}{3} + i\sin\dfrac{\pi}{3}\right)^4 = \cos\left(4 \times \dfrac{\pi}{3}\right) + i\sin\left(4 \times \dfrac{\pi}{3}\right)$

$\qquad\qquad = \cos\dfrac{4}{3}\pi + i\sin\dfrac{4}{3}\pi = -\dfrac{1}{2} - \dfrac{\sqrt{3}}{2}i$

81A 次の計算をせよ。

(1) $\left(\cos\dfrac{\pi}{3} + i\sin\dfrac{\pi}{3}\right)^3$

(2) $\left(\cos\dfrac{\pi}{4} + i\sin\dfrac{\pi}{4}\right)^{-2}$

81B 次の計算をせよ。

(1) $\left(\cos\dfrac{\pi}{6} + i\sin\dfrac{\pi}{6}\right)^4$

(2) $\left(\cos\dfrac{\pi}{6} + i\sin\dfrac{\pi}{6}\right)^{-5}$

例 76 $z = \dfrac{\sqrt{3}}{2} + \dfrac{1}{2}i$ のとき, z^5 を計算せよ。

解答 $z = \cos\dfrac{\pi}{6} + i\sin\dfrac{\pi}{6}$ であるから

$\qquad z^5 = \left(\cos\dfrac{\pi}{6} + i\sin\dfrac{\pi}{6}\right)^5 = \cos\left(5 \times \dfrac{\pi}{6}\right) + i\sin\left(5 \times \dfrac{\pi}{6}\right)$

$\qquad\quad = \cos\dfrac{5}{6}\pi + i\sin\dfrac{5}{6}\pi = -\dfrac{\sqrt{3}}{2} + \dfrac{1}{2}i$

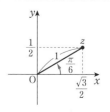

82A $z = \dfrac{1}{2} + \dfrac{\sqrt{3}}{2}i$ のとき,z^3 を計算せよ。

82B $z = -\dfrac{\sqrt{3}}{2} + \dfrac{1}{2}i$ のとき,$\dfrac{1}{z^4}$ を計算せよ。

例 77 $(1+i)^4$ を計算せよ。

解答 $1+i = \sqrt{2}\left(\cos\dfrac{\pi}{4} + i\sin\dfrac{\pi}{4}\right)$ であるから

$$(1+i)^4 = (\sqrt{2})^4\left(\cos\dfrac{\pi}{4} + i\sin\dfrac{\pi}{4}\right)^4$$

$$= (\sqrt{2})^4\left\{\cos\left(4\times\dfrac{\pi}{4}\right) + i\sin\left(4\times\dfrac{\pi}{4}\right)\right\}$$

$$= 4(\cos\pi + i\sin\pi) = 4\times(-1) = -4$$

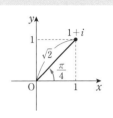

83A 次の計算をせよ。

(1) $(-1+\sqrt{3}\,i)^6$

(2) $(1-\sqrt{3}\,i)^5$

83B 次の計算をせよ。

(1) $(-1+i)^4$

(2) $(1+i)^{-7}$

nを自然数とするとき，$z^n = \alpha$ の解をαのn乗根という。

1のn乗根は次のn個の複素数である。

$$z_k = \cos\frac{2k\pi}{n} + i\sin\frac{2k\pi}{n}$$

$$(k = 0, \ 1, \ 2, \ \cdots\cdots, \ n-1)$$

$n \geqq 3$ のとき，1のn乗根を表す複素数平面上の点は単位円周上にあり，点1を1つの頂点とする正n角形の頂点である。

例 78 方程式 $z^4 = 1$ を解け。

解答
$$z = r(\cos\theta + i\sin\theta) \qquad\qquad \cdots\cdots ①$$

とおくと，ド・モアブルの定理より $z^4 = r^4(\cos 4\theta + i\sin 4\theta)$

また，$1 = \cos 0 + i\sin 0$ であるから，$z^4 = 1$ のとき

$$r^4(\cos 4\theta + i\sin 4\theta) = \cos 0 + i\sin 0 \qquad\qquad \cdots\cdots ②$$

②の両辺の絶対値と偏角を比べて

$$r^4 = 1, \ r > 0 \ \text{より} \qquad r = 1 \qquad\qquad \cdots\cdots ③$$

$$4\theta = 0 + 2k\pi \ \text{より} \qquad \theta = \frac{1}{2}k\pi \quad (k \text{は整数})$$

$0 \leqq \theta < 2\pi$ の範囲で考えると $k = 0, \ 1, \ 2, \ 3$

より $\quad \theta = 0, \ \dfrac{\pi}{2}, \ \pi, \ \dfrac{3}{2}\pi \qquad\qquad \cdots\cdots ④$

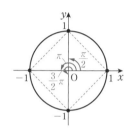

③，④を①に代入して，求める解は

$$z = \cos 0 + i\sin 0, \ \cos\frac{\pi}{2} + i\sin\frac{\pi}{2}, \ \cos\pi + i\sin\pi, \ \cos\frac{3}{2}\pi + i\sin\frac{3}{2}\pi$$

すなわち $\quad z = 1, \ i, \ -1, \ -i$

---

84 方程式 $z^6 = 1$ を解け。

例 79 方程式 $z^3 = 27i$ を解け。

解答

$$z = r(\cos\theta + i\sin\theta) \qquad \cdots\cdots ①$$

とおくと，ド・モアブルの定理より $z^3 = r^3(\cos 3\theta + i\sin 3\theta)$

また，$27i = 27\left(\cos\dfrac{\pi}{2} + i\sin\dfrac{\pi}{2}\right)$ であるから，$z^3 = 27i$ のとき

$$r^3(\cos 3\theta + i\sin 3\theta) = 27\left(\cos\dfrac{\pi}{2} + i\sin\dfrac{\pi}{2}\right) \qquad \cdots\cdots ②$$

②の両辺の絶対値と偏角を比べて

$$r^3 = 27, \ r > 0 \ \text{より} \qquad r = 3 \qquad \cdots\cdots ③$$

$$3\theta = \dfrac{\pi}{2} + 2k\pi \ \text{より} \qquad \theta = \dfrac{\pi}{6} + \dfrac{2}{3}k\pi \quad (k \ \text{は整数})$$

$0 \leqq \theta < 2\pi$ の範囲で考えると $k = 0, \ 1, \ 2$

より $\theta = \dfrac{\pi}{6}, \ \dfrac{5}{6}\pi, \ \dfrac{3}{2}\pi \qquad \cdots\cdots ④$

③，④を①に代入して，求める解は

$$z = 3\left(\cos\dfrac{\pi}{6} + i\sin\dfrac{\pi}{6}\right), \ 3\left(\cos\dfrac{5}{6}\pi + i\sin\dfrac{5}{6}\pi\right), \ 3\left(\cos\dfrac{3}{2}\pi + i\sin\dfrac{3}{2}\pi\right)$$

すなわち $z = \dfrac{3\sqrt{3}}{2} + \dfrac{3}{2}i, \ -\dfrac{3\sqrt{3}}{2} + \dfrac{3}{2}i, \ -3i$

85A 方程式 $z^3 = 8$ を解け。

85B 方程式 $z^4 = \dfrac{-1 + \sqrt{3}\,i}{2}$ を解け。

17　複素数と図形

POINT 65

線分の内分点・外分点

[1]　2点 $A(\alpha)$, $B(\beta)$ に対して,

線分 AB を $m:n$ に内分する点は　$\dfrac{n\alpha+m\beta}{m+n}$

線分 AB を $m:n$ に外分する点は　$\dfrac{-n\alpha+m\beta}{m-n}$

線分 AB の中点は　$\dfrac{\alpha+\beta}{2}$

[2]　3点 $A(\alpha)$, $B(\beta)$, $C(\gamma)$ を頂点とする $\triangle ABC$ の重心は　$\dfrac{\alpha+\beta+\gamma}{3}$

例 80　複素数平面上の2点 $\alpha=-2+i$, $\beta=3+6i$ を結ぶ線分を $2:3$ に内分する点 z_1 と外分する点 z_2 を求めよ。

解答　$z_1=\dfrac{3(-2+i)+2(3+6i)}{2+3}=\dfrac{15i}{5}=3i$

$z_2=\dfrac{(-3)(-2+i)+2(3+6i)}{2-3}=\dfrac{12+9i}{-1}=-12-9i$

86A　複素数平面上の2点 $\alpha=2-5i$, $\beta=6+3i$ を結ぶ線分を $3:1$ に内分する点 z_1 と外分する点 z_2 を求めよ。

86B　複素数平面上の2点 $\alpha=2-5i$, $\beta=6+3i$ を結ぶ線分を $2:3$ に内分する点 z_1 と外分する点 z_2 を求めよ。

87A　複素数平面上の3点 $A(-2+5i)$, $B(1-9i)$, $C(7+i)$ を頂点とする $\triangle ABC$ の重心を $G(z)$ とするとき, 複素数 z を求めよ。

87B　複素数平面上の3点 $A(5+8i)$, $B(4i)$, $C(2-3i)$ を頂点とする $\triangle ABC$ の重心を $G(z)$ とするとき, 複素数 z を求めよ。

POINT 66
円を表す方程式

点 α を中心とする半径 r の円を表す方程式
$$|z - \alpha| = r$$

例 81 方程式 $|z - (1 + 2i)| = 2$ を満たす点 z 全体は，どのような図形か。

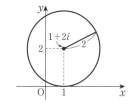

解答 点 $1 + 2i$ を中心とする半径 2 の円である。

88A 方程式 $|z - 3| = 4$ を満たす点 z 全体は，どのような図形か。

88B 方程式 $|2z - i| = 1$ を満たす点 z 全体は，どのような図形か。

POINT 67
垂直二等分線を表す方程式

2 点 α, β を結ぶ線分の垂直二等分線を表す方程式
$$|z - \alpha| = |z - \beta|$$

例 82 方程式 $|z - 1| = |z - (-1 + i)|$ を満たす点 z 全体は，どのような図形か。

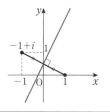

解答 2 点 1, $-1 + i$ を結ぶ線分の垂直二等分線である。

89A 方程式 $|z + 3| = |z - 2i|$ を満たす点 z 全体は，どのような図形か。

89B 方程式 $|z| = |z + 1 - i|$ を満たす点 z 全体は，どのような図形か。

点 z が単位円周上を動くとき $|z| = 1$ となるので, z を w の式で表して, $|z| = 1$ に代入する。

例 83 複素数平面上で, 点 z が単位円周上を動くとき, 次の式で表される点 w はどのような図形を描くか。

(1) $w = 2iz + 3$ 　　　　　　　　(2) $w = \dfrac{2iz - 1}{z - 1}$

解答 点 z は, 中心が原点, 半径 1 の円周上の点であるから, $|z| = 1$ を満たしている。

(1) $w = 2iz + 3$ より　$z = \dfrac{w - 3}{2i}$

ゆえに　　　$\left| \dfrac{w - 3}{2i} \right| = 1$

よって　　　$\dfrac{|w - 3|}{|2i|} = 1$　　より　　$|w - 3| = 2$

したがって, 点 w は点 3 を中心とする半径 2 の円を描く。

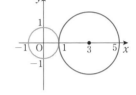

(2) $w = \dfrac{2iz - 1}{z - 1}$ より　　$(z - 1)w = 2iz - 1$

整理すると　　　　　　$(w - 2i)z = w - 1$　　……①

ここで, $w = 2i$ は①を満たさないので $w - 2i \neq 0$ である。

ゆえに　　$z = \dfrac{w - 1}{w - 2i}$

よって　　$\left| \dfrac{w - 1}{w - 2i} \right| = 1$　　より　　$|w - 1| = |w - 2i|$

したがって, 点 w は 2 点 1, $2i$ を結ぶ線分の垂直二等分線を描く。

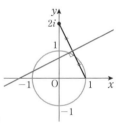

ROUND 2

90 複素数平面上で, 点 z が単位円周上を動くとき, 次の式で表される点 w はどのような図形を描くか。

(1) $w = 4iz - 3$ 　　　　　　　　(2) $w = \dfrac{3z + i}{z - 1}$

POINT 69
2線分のなす角

複素数平面上の原点 O と異なる 2 点 A(α)，B(β) に対して

$$\angle AOB = \arg \beta - \arg \alpha = \arg \frac{\beta}{\alpha}$$

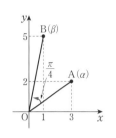

例84 複素数平面上の 2 点 A($3+2i$)，B($1+5i$) に対して，$\angle AOB$ を求めよ。

解答 $\alpha = 3+2i$, $\beta = 1+5i$ とおくと

$$\frac{\beta}{\alpha} = \frac{1+5i}{3+2i} = \frac{(1+5i)(3-2i)}{(3+2i)(3-2i)}$$

$$= \frac{13+13i}{13} = 1+i$$

$$= \sqrt{2}\left(\cos \frac{\pi}{4} + i \sin \frac{\pi}{4}\right)$$

よって $\angle AOB = \arg \frac{\beta}{\alpha} = \frac{\pi}{4}$

91A 複素数平面上の 2 点 A($2+3i$)，B($-1+5i$) に対して，$\angle AOB$ を求めよ。

91B 複素数平面上の 2 点 A($3\sqrt{3}+i$)，B($-\sqrt{3}+2i$) に対して，$\angle AOB$ を求めよ。

POINT 70
2線分のなす角

複素数平面上の異なる 3 点 A(α), B(β), C(γ) に対して

$$\angle\text{BAC} = \arg\frac{\gamma-\alpha}{\beta-\alpha}$$

例 85 複素数平面上の 3 点 A($2+i$), B($5+2i$), C($4+5i$) に対して，$\angle\text{BAC}$ を求めよ。

解答 $\alpha = 2+i$, $\beta = 5+2i$, $\gamma = 4+5i$ とおくと

$$\frac{\gamma-\alpha}{\beta-\alpha} = \frac{(4+5i)-(2+i)}{(5+2i)-(2+i)}$$

$$= \frac{2+4i}{3+i} = \frac{(2+4i)(3-i)}{(3+i)(3-i)}$$

$$= 1+i = \sqrt{2}\left(\cos\frac{\pi}{4} + i\sin\frac{\pi}{4}\right)$$

よって $\angle\text{BAC} = \arg\dfrac{\gamma-\alpha}{\beta-\alpha} = \dfrac{\pi}{4}$

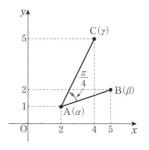

92A 複素数平面上の 3 点 A($1+2i$), B($4+i$), C($3+8i$) に対して，$\angle\text{BAC}$ を求めよ。

92B 複素数平面上の 3 点 A($\sqrt{3}+i$), B($2\sqrt{3}+i$), C($-2\sqrt{3}+4i$) に対して，$\angle\text{BAC}$ を求めよ。

POINT 71

3点の位置関係

複素数平面上の異なる3点 $A(\alpha)$, $B(\beta)$, $C(\gamma)$ について

[1]　A，B，C が一直線上にある　$\Longleftrightarrow$　$\dfrac{\gamma-\alpha}{\beta-\alpha}$ が実数　$\left(\arg\dfrac{\gamma-\alpha}{\beta-\alpha}=0,\ \pi\right)$

[2]　$AB \perp AC$　$\Longleftrightarrow$　$\dfrac{\gamma-\alpha}{\beta-\alpha}$ が純虚数　$\left(\arg\dfrac{\gamma-\alpha}{\beta-\alpha}=\dfrac{\pi}{2},\ \dfrac{3}{2}\pi\right)$

例 86　複素数平面上の3点 $A(1+2i)$，$B(2+5i)$，$C(-1+ki)$ について，次の条件を満たすように，実数 k の値をそれぞれ定めよ。

(1)　3点 A，B，C が一直線上にある

(2)　$AB \perp AC$

解答　$\alpha=1+2i$，$\beta=2+5i$，$\gamma=-1+ki$ とおくと

$$\frac{\gamma-\alpha}{\beta-\alpha}=\frac{(-1+ki)-(1+2i)}{(2+5i)-(1+2i)}=\frac{-2+(k-2)i}{1+3i}$$

$$=\frac{\{-2+(k-2)i\}(1-3i)}{(1+3i)(1-3i)}=\frac{3k-8}{10}+\frac{k+4}{10}i$$

(1)　3点 A，B，C が一直線上にあるのは，$\dfrac{\gamma-\alpha}{\beta-\alpha}$ が実数のときである。

よって　$\dfrac{k+4}{10}=0$　より　$k=-4$

(2)　$AB \perp AC$ となるのは，$\dfrac{\gamma-\alpha}{\beta-\alpha}$ が純虚数のときである。

よって　$\dfrac{3k-8}{10}=0,\ \dfrac{k+4}{10}\neq 0$　より　$k=\dfrac{8}{3}$

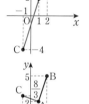

93　複素数平面上の3点 $A(3-2i)$，$B(7-5i)$，$C(k+4i)$ について，次の条件を満たすように，実数 k の値をそれぞれ定めよ。

(1)　3点 A，B，C が一直線上にある　　　　(2)　$AB \perp AC$

$\dfrac{\gamma - \alpha}{\beta - \alpha}$ の値から 2 辺の比やその間の角の大きさを求めて，三角形の形状を考える。

例87 複素数平面上の 3 点 A(α)，B(β)，C(γ) について，$\dfrac{\gamma - \alpha}{\beta - \alpha} = \dfrac{1+i}{\sqrt{2}}$ が成り立つとき，△ABC はどのような三角形か。

解答 $\dfrac{\gamma - \alpha}{\beta - \alpha} = \dfrac{1+i}{\sqrt{2}} = \cos\dfrac{\pi}{4} + i\sin\dfrac{\pi}{4}$ であるから

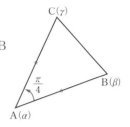

$\left|\dfrac{\gamma - \alpha}{\beta - \alpha}\right| = 1$ より $\dfrac{|\gamma - \alpha|}{|\beta - \alpha|} = \dfrac{AC}{AB} = 1$ すなわち AC = AB

また，$\arg\dfrac{\gamma - \alpha}{\beta - \alpha} = \dfrac{\pi}{4}$ より ∠BAC = $\dfrac{\pi}{4}$

よって，△ABC は ∠A = 45° の二等辺三角形である。

ROUND 2

94A 複素数平面上の 3 点 A(α)，B(β)，C(γ) について，次の式が成り立つとき，△ABC はどのような三角形か。

(1) $\dfrac{\gamma - \alpha}{\beta - \alpha} = \dfrac{-1+i}{\sqrt{2}}$

(2) $\dfrac{\gamma - \alpha}{\beta - \alpha} = \dfrac{3+\sqrt{3}\,i}{4}$

94B 複素数平面上の 3 点 A(α)，B(β)，C(γ) について，次の式が成り立つとき，△ABC はどのような三角形か。

(1) $\dfrac{\gamma - \alpha}{\beta - \alpha} = 2i$

(2) $\dfrac{\gamma - \alpha}{\beta - \alpha} = 1 + \sqrt{3}\,i$

検印

例題 4　アポロニウスの円　　　　　　　　　　　　　　　▶國 p.97 思考力＋

複素数平面上の2点 A(6)，B(-2) からの距離の比が 1:3 である点 P(z) の描く図形を求めよ。

解答　条件から　　AP：BP = 1:3

すなわち　　　3AP = BP

よって　　　　$3|z-6| = |z+2|$　　　……①

①の両辺を2乗して　$9|z-6|^2 = |z+2|^2$

より　　$9(z-6)\overline{(z-6)} = (z+2)\overline{(z+2)}$　　　← $z\bar{z} = |z|^2$

よって　　$9(z-6)(\bar{z}-6) = (z+2)(\bar{z}+2)$

展開して整理すると　$z\bar{z} - 7z - 7\bar{z} + 40 = 0$

変形して　$(z-7)(\bar{z}-7) = 9$

　　　　　　$(z-7)\overline{(z-7)} = 9$

よって　$|z-7|^2 = 9$　すなわち　$|z-7| = 3$

したがって，求める図形は，**点7を中心とする半径3の円**である。　**答**

95A　複素数平面上の2点 A(-5)，B(3) からの距離の比が 3:1 である点 P(z) の描く図形を求めよ。

95B　複素数平面上の2点 A($4i$)，B($-2i$) からの距離の比が 2:1 である点 P(z) の描く図形を求めよ。

点 $z=5+i$ を点 $z_0=3+5i$ のまわりに $\dfrac{\pi}{6}$ だけ回転した点 z' を表す複素数を求めよ。

考え方 点 z を $-z_0$ だけ平行移動した点 $z-z_0$ を，原点のまわりに $\dfrac{\pi}{6}$ だけ回転し，z_0 だけ平行移動した点が z' である。

解答 点 z を $-z_0$ だけ平行移動した点は
$$z-z_0=(5+i)-(3+5i)=2-4i$$

点 $z-z_0$ を原点のまわりに $\dfrac{\pi}{6}$ だけ回転した点は
$$\left(\cos\frac{\pi}{6}+i\sin\frac{\pi}{6}\right)(z-z_0)=\left(\frac{\sqrt{3}}{2}+\frac{1}{2}i\right)(2-4i)$$
$$=(2+\sqrt{3})+(1-2\sqrt{3})i$$

この点を z_0 だけ平行移動した点が z' である。
よって $z'=\{(2+\sqrt{3})+(1-2\sqrt{3})i\}+(3+5i)$
$$=(5+\sqrt{3})+(6-2\sqrt{3})i \quad \text{答}$$

96A 点 $z=5+4i$ を点 $z_0=1+2i$ のまわりに $\dfrac{\pi}{3}$ だけ回転した点 z' を表す複素数を求めよ。

96B 点 $z=6+5i$ を点 $z_0=4+i$ のまわりに $\dfrac{\pi}{4}$ だけ回転した点 z' を表す複素数を求めよ。

例題 6　ド・モアブルの定理の利用

▶教 p.99 章末 4

$(-\sqrt{3}+i)^n$ が実数となる最小の自然数 n を求めよ。

解答　$-\sqrt{3}+i = 2\left(\cos\dfrac{5}{6}\pi + i\sin\dfrac{5}{6}\pi\right)$　より

$$(-\sqrt{3}+i)^n = 2^n\left(\cos\dfrac{5}{6}\pi + i\sin\dfrac{5}{6}\pi\right)^n$$

$$= 2^n\left(\cos\dfrac{5}{6}n\pi + i\sin\dfrac{5}{6}n\pi\right)$$

これが実数となるのは，$\sin\dfrac{5}{6}n\pi = 0$ のときである。

すなわち，$\dfrac{5}{6}n$ が整数であればよいから，最小の自然数 n は　$n = 6$　**答**

97　$(-1+i)^n$ が実数となる最小の自然数 n を求めよ。

18 放物線

▶國 p.102〜105

POINT 73

焦点が x 軸上に
ある放物線

標準形　$y^2 = 4px$
焦点の座標　$F(p, 0)$
準線の方程式　$x = -p$
頂点は原点 $(0, 0)$, 軸は x 軸 $(y = 0)$

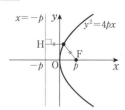

例 88　焦点 $F(2, 0)$, 準線 $x = -2$ の放物線の方程式を求めよ。

解答　$y^2 = 4 \times 2 \times x$　すなわち　$y^2 = 8x$

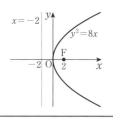

98A　焦点 $(3, 0)$, 準線 $x = -3$ の放物線
の方程式を求めよ。

98B　焦点 $\left(-\dfrac{1}{4}, 0\right)$, 準線 $x = \dfrac{1}{4}$ の放物
線の方程式を求めよ。

例 89　放物線 $y^2 = -4x$ の焦点の座標および準線の方程式を求めよ。
また, その概形をかけ。

解答　$y^2 = 4 \times (-1) \times x$ であるから
　　焦点 $F(-1, 0)$, 準線 $x = 1$
また, その概形は右の図のようになる。

99A　放物線 $y^2 = 2x$ の焦点の座標および
準線の方程式を求めよ。また, その概形をか
け。

99B　放物線 $y^2 = -x$ の焦点の座標およ
び準線の方程式を求めよ。また, その概形を
かけ。

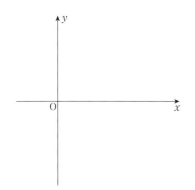

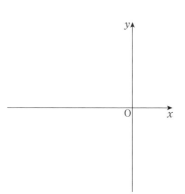

POINT 74

焦点が y 軸上にある放物線

標準形 $x^2 = 4py$
焦点の座標 $\mathrm{F}(0, \ p)$
準線の方程式 $y = -p$
頂点は原点 $(0, \ 0)$，軸は y 軸 $(x = 0)$

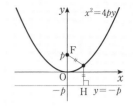

例90 焦点 $\mathrm{F}\left(0, \ \dfrac{3}{2}\right)$，準線 $y = -\dfrac{3}{2}$ の放物線の方程式を求めよ。

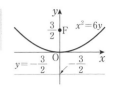

解答 $x^2 = 4 \times \dfrac{3}{2} \times y$ すなわち $x^2 = 6y$

100A 焦点 $(0, \ 3)$，準線 $y = -3$ の放物線の方程式を求めよ。

100B 焦点 $\left(0, \ -\dfrac{1}{8}\right)$，準線 $y = \dfrac{1}{8}$ の放物線の方程式を求めよ。

例91 放物線 $x^2 = y$ の焦点の座標および準線の方程式を求めよ。また，その概形をかけ。

解答 $x^2 = 4 \times \dfrac{1}{4} \times y$ であるから

焦点 $\mathrm{F}\left(0, \ \dfrac{1}{4}\right)$，準線 $y = -\dfrac{1}{4}$

また，その概形は右の図のようになる。

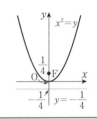

101A 放物線 $x^2 = \dfrac{1}{2}y$ の焦点の座標および準線の方程式を求めよ。また，その概形をかけ。

101B 放物線 $x^2 = -2y$ の焦点の座標および準線の方程式を求めよ。また，その概形をかけ。

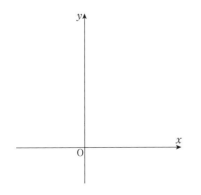

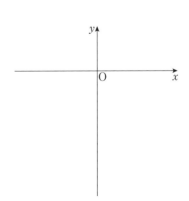

検印

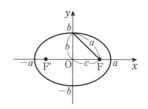

POINT 75
焦点が x 軸上にある楕円

標準形 $\dfrac{x^2}{a^2}+\dfrac{y^2}{b^2}=1$ $(a>b>0)$

焦点の座標 $F(\sqrt{a^2-b^2},\ 0),\ F'(-\sqrt{a^2-b^2},\ 0)$

この楕円上の任意の点 P について $PF+PF'=2a$

長軸の長さ $2a$, 短軸の長さ $2b$

例92 楕円 $\dfrac{x^2}{16}+\dfrac{y^2}{9}=1$ の焦点と頂点の座標を求め, その概形をかけ。また, 長軸の長さ, 短軸の長さを求めよ。

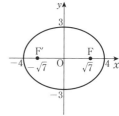

解答 楕円 $\dfrac{x^2}{16}+\dfrac{y^2}{9}=1$ において, $\sqrt{16-9}=\sqrt{7}$ より

焦点は $F(\sqrt{7},\ 0),\ F'(-\sqrt{7},\ 0)$

頂点の座標は $(4,\ 0),\ (-4,\ 0),\ (0,\ 3),\ (0,\ -3)$

その概形は右の図のようになる。

また, 長軸の長さは 8, 短軸の長さは 6 である。

102A 楕円 $\dfrac{x^2}{9}+\dfrac{y^2}{4}=1$ の焦点と頂点の座標を求め, その概形をかけ。また, 長軸の長さ, 短軸の長さを求めよ。

102B 楕円 $\dfrac{x^2}{4}+\dfrac{y^2}{3}=1$ の焦点と頂点の座標を求め, その概形をかけ。また, 長軸の長さ, 短軸の長さを求めよ。

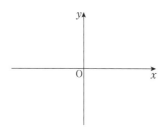

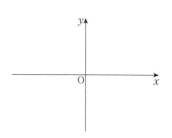

例93 2点 $(5,\ 0),\ (-5,\ 0)$ を焦点とし, 焦点からの距離の和が 12 である楕円の方程式を求めよ。

解答 求める楕円の方程式を $\dfrac{x^2}{a^2}+\dfrac{y^2}{b^2}=1$ $(a>b>0)$ とする。

焦点からの距離の和が 12 であるから $2a=12$ より $a=6$

また, この楕円の焦点は $F(5,\ 0),\ F'(-5,\ 0)$ であるから

$$5=\sqrt{a^2-b^2}$$

よって $b^2=a^2-5^2=6^2-5^2=11$

したがって, この楕円の方程式は $\dfrac{x^2}{36}+\dfrac{y^2}{11}=1$

← $PF+PF'=2a$

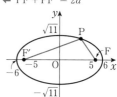

103A 2点 $(3, 0)$, $(-3, 0)$ を焦点とし、焦点からの距離の和が 10 である楕円の方程式を求めよ。

103B 2点 $(2\sqrt{3}, 0)$, $(-2\sqrt{3}, 0)$ を焦点とし、焦点からの距離の和が 8 である楕円の方程式を求めよ。

POINT 76

焦点が y 軸上にある楕円

標準形 $\dfrac{x^2}{a^2} + \dfrac{y^2}{b^2} = 1$ $(b > a > 0)$

焦点の座標 $F(0, \sqrt{b^2 - a^2})$, $F'(0, -\sqrt{b^2 - a^2})$

この楕円上の任意の点 P について $PF + PF' = 2b$

長軸の長さ $2b$, 短軸の長さ $2a$

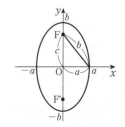

例94 楕円 $\dfrac{x^2}{9} + \dfrac{y^2}{16} = 1$ の焦点と頂点の座標を求め、その概形をかけ。また、長軸の長さ、短軸の長さを求めよ。

| 解答 | 楕円 $\dfrac{x^2}{9} + \dfrac{y^2}{16} = 1$ において、$\sqrt{16 - 9} = \sqrt{7}$ より

焦点は $F(0, \sqrt{7})$, $F'(0, -\sqrt{7})$

頂点の座標は $(3, 0)$, $(-3, 0)$, $(0, 4)$, $(0, -4)$

その概形は右の図のようになる。

また、長軸の長さは 8、短軸の長さは 6 である。

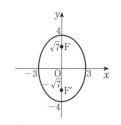

104A 楕円 $\dfrac{x^2}{4} + \dfrac{y^2}{16} = 1$ の焦点と頂点の座標を求め、その概形をかけ。また、長軸の長さ、短軸の長さを求めよ。

104B 楕円 $x^2 + \dfrac{y^2}{4} = 1$ の焦点と頂点の座標を求め、その概形をかけ。また、長軸の長さ、短軸の長さを求めよ。

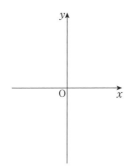

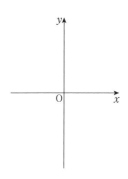

円 $x^2 + y^2 = a^2$ ……① を x 軸をもとにして y 軸方向に $\dfrac{b}{a}$ 倍して得られる曲線は，

楕円 $\dfrac{x^2}{a^2} + \dfrac{y^2}{b^2} = 1$ である。円①上の点を $Q(s, t)$，求める曲線上の点を $P(x, y)$ と

おくと，$s^2 + t^2 = a^2$，$x = s$，$y = \dfrac{b}{a}t$

これより，x，y の関係式を求める。

なお，x 軸方向に $\dfrac{b}{a}$ 倍して得られる曲線では，$x = \dfrac{b}{a}s$，$y = t$ とおく。

例 95　円 $x^2 + y^2 = 25$ 　　　　　　　　　……①

を，x 軸をもとにして y 軸方向に $\dfrac{3}{5}$ 倍して得られる曲線を求めよ。

解答　円①の周上の点を $Q(s, t)$ とすると　$s^2 + t^2 = 25$ ……②

Q の y 座標を $\dfrac{3}{5}$ 倍して得られる点を $P(x, y)$ とすると

$\qquad x = s$，$y = \dfrac{3}{5}t$　　ゆえに　$s = x$，$t = \dfrac{5}{3}y$ ……③

③を②に代入すると　$x^2 + \left(\dfrac{5}{3}y\right)^2 = 25$

よって，求める曲線は，楕円 $\dfrac{x^2}{25} + \dfrac{y^2}{9} = 1$ である。

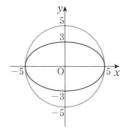

105A　円 $x^2 + y^2 = 9$ を，x 軸をもとにして y 軸方向に $\dfrac{1}{3}$ 倍して得られる曲線を求めよ。

105B　円 $x^2 + y^2 = 4$ を，y 軸をもとにして x 軸方向に $\dfrac{3}{2}$ 倍して得られる曲線を求めよ。

POINT 78
線分の内分点の軌跡

軸上に端点がある長さ a の線分 AB において，A$(s,\ 0)$，B$(0,\ t)$ とおくと，

$$s^2 + t^2 = a^2$$

これより，内分点の軌跡を求める。

例96 座標平面上において，長さが 6 の線分 AB があり，点 A は x 軸上を，点 B は y 軸上を動く。このとき，線分 AB を $2:1$ に内分する点 P の軌跡を求めよ。

解答 点 A は x 軸上，点 B は y 軸上の点であるから，それぞれ A$(s,\ 0)$，B$(0,\ t)$ とおける。

AB $= 6$ であるから $\quad s^2 + t^2 = 6^2 \qquad \cdots\cdots$①

線分 AB を $2:1$ に内分する点 P の座標を $(x,\ y)$ とすると

$$x = \frac{1}{3}s, \quad y = \frac{2}{3}t \qquad \text{より} \qquad s = 3x, \quad t = \frac{3}{2}y \qquad \cdots\cdots$②$$

②を①に代入すると $\quad (3x)^2 + \left(\dfrac{3}{2}y\right)^2 = 6^2$

よって $\quad \dfrac{x^2}{4} + \dfrac{y^2}{16} = 1$

したがって，点 P の軌跡は，楕円 $\dfrac{x^2}{4} + \dfrac{y^2}{16} = 1$ である。

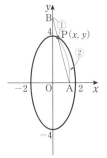

ROUND 2

106A 座標平面上において，長さが 4 の線分 AB があり，点 A は x 軸上を，点 B は y 軸上を動く。このとき，線分 AB を $1:3$ に内分する点 P の軌跡を求めよ。

106B 座標平面上において，長さが 7 の線分 AB があり，点 A は x 軸上を，点 B は y 軸上を動く。このとき，線分 AB を $4:3$ に内分する点 P の軌跡を求めよ。

検印

20 双曲線

POINT 79

焦点が x 軸上に
ある双曲線

標準形 $\dfrac{x^2}{a^2} - \dfrac{y^2}{b^2} = 1$ $(a > 0,\ b > 0)$

焦点の座標 $F(\sqrt{a^2+b^2},\ 0)$, $F'(-\sqrt{a^2+b^2},\ 0)$

頂点の座標 $(a,\ 0)$, $(-a,\ 0)$

この双曲線上の任意の点 P について

$$|PF - PF'| = 2a$$

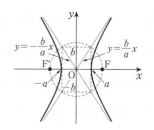

例 97 双曲線 $\dfrac{x^2}{9} - \dfrac{y^2}{7} = 1$ の焦点, 頂点の座標を求めよ。

解答 $\sqrt{9+7} = 4$ より

　　　焦点の座標は $F(4,\ 0)$, $F'(-4,\ 0)$

　　　頂点の座標は $(3,\ 0)$, $(-3,\ 0)$

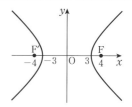

107A 次の双曲線の焦点, 頂点の座標を求めよ。

(1) $\dfrac{x^2}{8} - \dfrac{y^2}{4} = 1$

(2) $x^2 - y^2 = 4$

107B 次の双曲線の焦点, 頂点の座標を求めよ。

(1) $\dfrac{x^2}{9} - \dfrac{y^2}{16} = 1$

(2) $4x^2 - 5y^2 = 20$

POINT 80

双曲線の漸近線

双曲線 $\dfrac{x^2}{a^2} - \dfrac{y^2}{b^2} = 1$ の漸近線の方程式 $y = \dfrac{b}{a}x$, $y = -\dfrac{b}{a}x$

例 98 双曲線 $\dfrac{x^2}{16} - \dfrac{y^2}{4} = 1$ の頂点の座標と漸近線の方程式を求めよ。また, その概形を

かけ。

解答 頂点の座標は $(4,\ 0)$, $(-4,\ 0)$

　　　漸近線の方程式は $y = \dfrac{1}{2}x$, $y = -\dfrac{1}{2}x$

　　　また, 双曲線の概形は, 右の図のようになる。

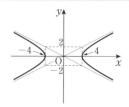

108A 双曲線 $\dfrac{x^2}{16} - \dfrac{y^2}{9} = 1$ の頂点の座標と漸近線の方程式を求めよ。また，その概形をかけ。

108B 双曲線 $x^2 - y^2 = 9$ の頂点の座標と漸近線の方程式を求めよ。また，その概形をかけ。

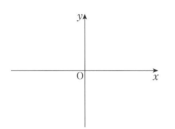

POINT 81

焦点が y 軸上にある双曲線

標準形 　$\dfrac{x^2}{a^2} - \dfrac{y^2}{b^2} = -1$ 　$(a > 0, \ b > 0)$

焦点の座標 　$F(0, \ \sqrt{a^2 + b^2}), \ F'(0, \ -\sqrt{a^2 + b^2})$

頂点の座標 　$(0, \ b), \ (0, \ -b)$

この双曲線上の任意の点 P について 　$|PF - PF'| = 2b$

漸近線の方程式 　$y = \dfrac{b}{a}x, \ y = -\dfrac{b}{a}x$

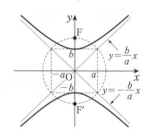

例 99 双曲線 $\dfrac{x^2}{9} - \dfrac{y^2}{16} = -1$ の頂点の座標と漸近線の方程式を求めよ。また，その概形をかけ。

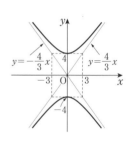

解答 　頂点の座標は 　$(0, \ 4), \ (0, \ -4)$

漸近線の方程式は 　$y = \dfrac{4}{3}x, \ y = -\dfrac{4}{3}x$

また，その概形は右の図のようになる。

109A 双曲線 $\dfrac{x^2}{25} - \dfrac{y^2}{16} = -1$ の頂点の座標と漸近線の方程式を求めよ。また，その概形をかけ。

109B 双曲線 $x^2 - y^2 = -4$ の頂点の座標と漸近線の方程式を求めよ。また，その概形をかけ。

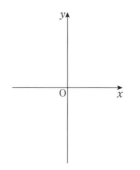

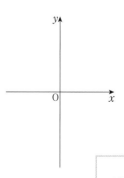

検印

21　2次曲線の平行移動

POINT 82
曲線の平行移動

方程式 $f(x, y) = 0$ で表される図形を
　　x 軸方向に p, y 軸方向に q
だけ平行移動して得られる図形の方程式は
　　$f(x - p, y - q) = 0$
である。

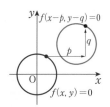

例 100　楕円 $\dfrac{x^2}{8} + \dfrac{y^2}{4} = 1$ を x 軸方向に 2, y 軸方向に -1 だけ平行移動して得られる

楕円の方程式と焦点の座標を求めよ。

解答　楕円 $\dfrac{x^2}{8} + \dfrac{y^2}{4} = 1$　……① を x 軸方向に 2, y 軸方向に -1 だけ平行移動して得られる

楕円の方程式は，次のようになる。

$$\dfrac{(x-2)^2}{8} + \dfrac{(y+1)^2}{4} = 1 \quad \text{……②}$$

また，楕円①の焦点の座標は　$(2, 0)$, $(-2, 0)$

であるから，楕円②の焦点の座標は　$(4, -1)$, $(0, -1)$

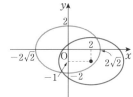

110A　楕円 $x^2 + \dfrac{y^2}{2} = 1$ を x 軸方向に 1,
y 軸方向に -2 だけ平行移動して得られる楕円の方程式と焦点の座標を求めよ。

110B　放物線 $y^2 = -8x$ を x 軸方向に 1,
y 軸方向に -2 だけ平行移動して得られる放物線の方程式と焦点の座標を求めよ。

例 101　双曲線 $x^2 - \dfrac{y^2}{4} = 1$ を x 軸方向に 2, y 軸方向に 3 だけ平行移動して得られる双曲

線の方程式と焦点の座標を求めよ。

解答　双曲線 $x^2 - \dfrac{y^2}{4} = 1$　……① を x 軸方向に 2, y 軸方向に 3 だけ

平行移動して得られる双曲線の方程式は，次のようになる。

$$(x-2)^2 - \dfrac{(y-3)^2}{4} = 1 \quad \text{……②}$$

また，双曲線①の焦点の座標は　$(\sqrt{5}, 0)$, $(-\sqrt{5}, 0)$

であるから，双曲線②の焦点の座標は　$(2+\sqrt{5}, 3)$, $(2-\sqrt{5}, 3)$

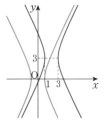

111A 放物線 $y^2 = 8x$ を x 軸方向に -2, y 軸方向に 1 だけ平行移動して得られる放物線の方程式と焦点の座標を求めよ。

111B 双曲線 $x^2 - \dfrac{y^2}{3} = 1$ を x 軸方向に 2, y 軸方向に -1 だけ平行移動して得られる双曲線の方程式と焦点の座標を求めよ。

POINT 83　x, y それぞれの文字について整理して，$(x-p)^2$ や $(y-q)^2$ をつくる。

$ax^2 + by^2 + cx + dy + e = 0$
の表す図形

例 102　方程式 $x^2 - y^2 - 4x + 4y - 9 = 0$　……① はどのような図形を表すか。

解答　①を変形すると　$(x^2 - 4x) - (y^2 - 4y) - 9 = 0$

$$\{(x-2)^2 - 2^2\} - \{(y-2)^2 - 2^2\} - 9 = 0$$

$$\frac{(x-2)^2}{9} - \frac{(y-2)^2}{9} = 1$$

よって，①の表す図形は，双曲線 $\dfrac{x^2}{9} - \dfrac{y^2}{9} = 1$ を x 軸方向に 2，

y 軸方向に 2 だけ平行移動した双曲線である。

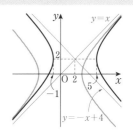

112A 方程式 $x^2 + 4y^2 - 4x = 0$ はどのような図形を表すか。

112B 方程式 $x^2 + 2x - 2y + 3 = 0$ はどのような図形を表すか。

検印

22　2次曲線と直線

2次曲線と直線の共有点のx座標は，2次曲線の方程式と直線の方程式から得られるxの2次方程式の解である。

2次曲線と直線の
共有点

例103 楕円 $\dfrac{x^2}{16}+\dfrac{y^2}{12}=1$ と直線 $x+2y=8$ の共有点の座標を求めよ。

解答
$$\begin{cases} \dfrac{x^2}{16}+\dfrac{y^2}{12}=1 & \cdots\cdots① \\ x+2y=8 & \cdots\cdots② \end{cases}$$

②より　$x=-2y+8$　$\cdots\cdots③$

③を①に代入すると

$$\dfrac{(-2y+8)^2}{16}+\dfrac{y^2}{12}=1 \quad より \quad (y-3)^2=0$$

ゆえに　$y=3$

③より，$y=3$ のとき　$x=2$

よって，共有点の座標は　$(2, 3)$

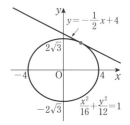

113A 次の2次曲線と直線の共有点の座標を求めよ。

(1) $\dfrac{x^2}{4}+\dfrac{y^2}{8}=1, \ y=x-2$

113B 次の2次曲線と直線の共有点の座標を求めよ。

(1) $2x^2-y^2=1, \ 2x-y+3=0$

(2) $\dfrac{x^2}{12}-\dfrac{y^2}{3}=1, \ x-2y+4=0$

(2) $y^2=6x, \ 3x+y-12=0$

POINT 85

2次曲線と直線の共有点の個数

2次曲線と直線の共有点の個数は，2次曲線の方程式と直線の方程式から得られる x の2次方程式の判別式 D の符号を調べる。

例 104 双曲線 $\dfrac{x^2}{9} - \dfrac{y^2}{4} = 1$ と直線 $y = x + k$ の共有点の個数は，k の値によってどのように変わるか調べよ。

解答 $\dfrac{x^2}{9} - \dfrac{y^2}{4} = 1$ に $y = x + k$ を代入して整理すると

$$5x^2 + 18kx + 9k^2 + 36 = 0 \quad \cdots\cdots①$$

x の2次方程式①の判別式を D とすると

$$D = (18k)^2 - 4 \times 5 \times (9k^2 + 36)$$
$$= 144(k + \sqrt{5})(k - \sqrt{5})$$

よって，双曲線と直線の共有点の個数は，次のようになる。

$D > 0$ すなわち $k < -\sqrt{5}$，$\sqrt{5} < k$ のとき 共有点は2個

$D = 0$ すなわち $k = \pm\sqrt{5}$ のとき 共有点は1個

$D < 0$ すなわち $-\sqrt{5} < k < \sqrt{5}$ のとき 共有点は0個

114A 楕円 $\dfrac{x^2}{9} + \dfrac{y^2}{4} = 1$ と直線 $y = x + k$ の共有点の個数は，k の値によってどのように変わるか調べよ。

114B 放物線 $y^2 = 8x$ と直線 $y = 2x + k$ の共有点の個数は，k の値によってどのように変わるか調べよ。

POINT 86

2次曲線と接線

2次曲線上の点 (a, b) における接線は，傾きを m とすると，$y - b = m(x - a)$ とおける。これと 2 次曲線の方程式から得られる 2 次方程式が重解をもつことから m を定める。

例 105 放物線 $y^2 = 16x$ 上の点 $(1, 4)$ における接線の方程式を求めよ。

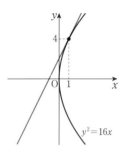

解答 求める接線の傾きを m とすると，接線の方程式は点 $(1, 4)$ を通る

ことから　$y - 4 = m(x - 1)$

すなわち　$y = mx - m + 4$　　　　　　　……①

①を $y^2 = 16x$ に代入すると　$(mx - m + 4)^2 = 16x$

左辺を展開して整理すると

$$m^2 x^2 - 2(m^2 - 4m + 8)x + (m - 4)^2 = 0 \quad ……②$$

2 次方程式②の判別式を D とすると

$$D = 4(m^2 - 4m + 8)^2 - 4m^2(m - 4)^2 = 64(m - 2)^2$$

直線①が放物線 $y^2 = 16x$ に接するのは，$D = 0$ のときであるから

$64(m - 2)^2 = 0$ より　　$m = 2$

したがって，求める接線の方程式は，①より　$y = 2x + 2$

ROUND 2

115A 双曲線 $\dfrac{x^2}{8} - \dfrac{y^2}{4} = 1$ 上の点 $(4, 2)$ における接線の方程式を求めよ。

115B 楕円 $\dfrac{x^2}{12} + \dfrac{y^2}{4} = 1$ 上の点 $(3, 1)$ における接線の方程式を求めよ。

検印

23 媒介変数表示

▶数 p.128〜131

POINT 87	平面上において，曲線 C 上の点 (x, y) の座標が，変数 t を用いて

媒介変数表示

$$\begin{cases} x = f(t) \\ y = g(t) \end{cases}$$ と表されるとき，これを曲線 C の媒介変数表示という。

また，このときの変数 t を媒介変数またはパラメータという。

例 106 次のように媒介変数表示された曲線は，どのような曲線を表すか。

$$\begin{cases} x = t - 1 & \cdots\cdots① \\ y = t^2 + 1 & \cdots\cdots② \end{cases}$$

解答 ①より $t = x + 1$

これを②に代入して t を消去すると

$y = (x+1)^2 + 1$ より $y = x^2 + 2x + 2$

よって，①，②で媒介変数表示された曲線は，

放物線 $y = x^2 + 2x + 2$ である。

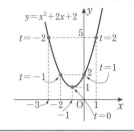

116A 次のように媒介変数表示された曲線について，次の問いに答えよ。

$$\begin{cases} x = 2 - t \\ y = 1 - t^2 \end{cases}$$

(1) 次の t の値に対応する x, y の値を求めて，次の表を完成せよ。また，(x, y) を座標とする点を座標平面上にとれ。

t	-2	-1	0	1	2
x					
y					

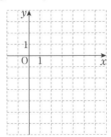

(2) t を消去して，どのような曲線を表すか調べよ。

116B 次のように媒介変数表示された曲線について，次の問いに答えよ。

$$\begin{cases} x = 3 + 2t \\ y = 2t^2 - 6 \end{cases}$$

(1) 次の t の値に対応する x, y の値を求めて，次の表を完成せよ。また，(x, y) を座標とする点を座標平面上にとれ。

t	-2	-1	0	1	2
x					
y					

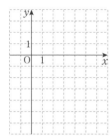

(2) t を消去して，どのような曲線を表すか調べよ。

POINT 88
放物線の頂点の軌跡

変数 t を含む放物線の方程式を変形して，頂点の座標 (x, y) を t を用いて表す。
次に t を消去して，x と y の関係式を求める。

例 107 放物線 $y = x^2 + 4tx + 8t$ の頂点は，t の値が変化するとき，どのような曲線を描くか。

解答 $y = x^2 + 4tx + 8t$ を変形すると $y = (x + 2t)^2 - 4t^2 + 8t$
この放物線の頂点の座標を $P(x, y)$ とすると

$$\begin{cases} x = -2t & \cdots\cdots① \\ y = -4t^2 + 8t & \cdots\cdots② \end{cases}$$

①より $t = -\dfrac{x}{2}$

②に代入すると $y = -4 \cdot \left(-\dfrac{x}{2}\right)^2 + 8 \cdot \left(-\dfrac{x}{2}\right)$

すなわち $y = -x^2 - 4x$

よって，頂点 P が描く曲線は 放物線 $y = -x^2 - 4x$

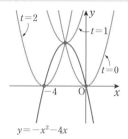

117A 放物線 $y = x^2 + 6tx - 1$ の頂点は，t の値が変化するとき，どのような曲線を描くか。

117B 放物線 $y = -2x^2 + 4tx + 4t + 1$ の頂点は，t の値が変化するとき，どのような曲線を描くか。

POINT 89
円と楕円の媒介変数表示

円 $x^2 + y^2 = r^2$ の媒介変数表示

$$\begin{cases} x = r\cos\theta \\ y = r\sin\theta \end{cases}$$

楕円 $\dfrac{x^2}{a^2} + \dfrac{y^2}{b^2} = 1$ の媒介変数表示

$$\begin{cases} x = a\cos\theta \\ y = b\sin\theta \end{cases}$$

例 108 次の方程式で表される曲線を，媒介変数 θ を用いて表せ。

(1) $x^2 + y^2 = 16$

(2) $\dfrac{x^2}{4} + \dfrac{y^2}{9} = 1$

解答 (1) 円 $x^2 + y^2 = 16$ の媒介変数表示は $\begin{cases} x = 4\cos\theta \\ y = 4\sin\theta \end{cases}$ ← $r = 4$

(2) 楕円 $\dfrac{x^2}{4} + \dfrac{y^2}{9} = 1$ の媒介変数表示は $\begin{cases} x = 2\cos\theta \\ y = 3\sin\theta \end{cases}$ ← $a = 2$ ← $b = 3$

118A 次の方程式で表される曲線を，媒介変数 θ を用いて表せ。

(1) $x^2 + y^2 = 1$

(2) $\dfrac{x^2}{49} + \dfrac{y^2}{9} = 1$

118B 次の方程式で表される曲線を，媒介変数 θ を用いて表せ。

(1) $x^2 + y^2 = 5$

(2) $x^2 + \dfrac{y^2}{8} = 1$

POINT 90
サイクロイド

サイクロイドの媒介変数表示 $\begin{cases} x = a(\theta - \sin\theta) \\ y = a(1 - \cos\theta) \end{cases}$

例 109 媒介変数表示 $\begin{cases} x = 2(\theta - \sin\theta) \\ y = 2(1 - \cos\theta) \end{cases}$ で表されるサイクロイドについて，$\theta = \dfrac{\pi}{3}$ のときの点の座標 (x, y) を求めよ。

解答 $x = 2\left(\dfrac{\pi}{3} - \sin\dfrac{\pi}{3}\right)$, $y = 2\left(1 - \cos\dfrac{\pi}{3}\right)$ より $\left(\dfrac{2}{3}\pi - \sqrt{3},\ 1\right)$

119A 媒介変数表示 $\begin{cases} x = \theta - \sin\theta \\ y = 1 - \cos\theta \end{cases}$ で表されるサイクロイドについて，$\theta = \dfrac{3}{2}\pi$ のときの点の座標 (x, y) を求めよ。

119B 媒介変数表示 $\begin{cases} x = 2(\theta - \sin\theta) \\ y = 2(1 - \cos\theta) \end{cases}$ で表されるサイクロイドについて，$\theta = \dfrac{5}{3}\pi$ のときの点の座標 (x, y) を求めよ。

検印

POINT 91
極座標

平面上に点 O と半直線 OX を定めると，点 P の位置は，OP の長さ r と半直線 OX から OP へ測った角 θ によって定まる。この 2 つの数の組 $(r,\ \theta)$ を点 P の**極座標**といい，点 O を**極**，半直線 OX を**始線**，θ を**偏角**という。なお，偏角 θ は弧度法を用いて表す。

例 110　極座標で表された点 $A\left(3,\ \dfrac{\pi}{4}\right)$，点 $B\left(2,\ -\dfrac{\pi}{3}\right)$ を図に示せ。

解答
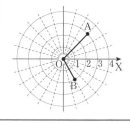

120A 次の極座標で表された点を図に示せ。

(1) $\left(2,\ \dfrac{\pi}{6}\right)$

(2) $\left(4,\ \dfrac{11}{6}\pi\right)$

(3) $\left(3,\ -\dfrac{2}{3}\pi\right)$

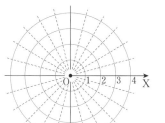

120B 次の極座標で表された点を図に示せ。

(1) $\left(3,\ \dfrac{3}{4}\pi\right)$

(2) $\left(2,\ -\dfrac{\pi}{2}\right)$

(3) $\left(4,\ -\dfrac{7}{4}\pi\right)$

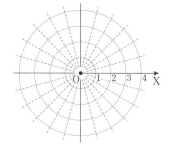

例 111　右の図において，正六角形の中心 O を極，OX を始線とし，偏角 θ を $0 \leqq \theta < 2\pi$ の範囲で考えるとき，頂点 A，B の極座標 $(r,\ \theta)$ を求めよ。

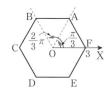

解答　$A\left(3,\ \dfrac{\pi}{3}\right)$，　$B\left(3,\ \dfrac{2}{3}\pi\right)$

121A 下の図の正方形 ABCD において，対角線 AC と BD の交点を極 O，辺 AD の中点 E は始線 OX 上にあり，E の極座標を $(1,\ 0)$ とする。
このとき，点 A の極座標 $(r,\ \theta)$ を求めよ。ただし，$0 \leqq \theta < 2\pi$ とする。

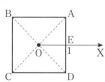

121B 下の図の正方形 ABCD において，対角線 AC と BD の交点を極 O，辺 AD の中点 E は始線 OX 上にあり，E の極座標を $(1,\ 0)$ とする。
このとき，次の点の極座標 $(r,\ \theta)$ を求めよ。ただし，$0 \leqq \theta < 2\pi$ とする。

(1) 点 D

(2) 辺 AB の中点 M

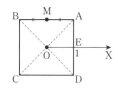

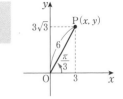

POINT 92
極座標と直交座標
の関係

直交座標の原点Oを極，x 軸の正の部分を始線として，点Pの極座標を (r, θ)，直交座標を (x, y) とすると，次の関係式が成り立つ。

$$x = r\cos\theta, \qquad y = r\sin\theta, \qquad r = \sqrt{x^2 + y^2}$$

例 112 極座標が $\left(6, \dfrac{\pi}{3}\right)$ である点Pを直交座標で表せ。

| 解答 | $x = 6\cos\dfrac{\pi}{3} = 3, \qquad y = 6\sin\dfrac{\pi}{3} = 3\sqrt{3}$

よって，点Pの直交座標は $(3, 3\sqrt{3})$

第3章 平面上の曲線

122A 極座標で表された次の点を直交座標で表せ。

(1) $\left(2, \dfrac{\pi}{4}\right)$

(2) $\left(8, \dfrac{3}{2}\pi\right)$

122B 極座標で表された次の点を直交座標で表せ。

(1) $\left(4, \dfrac{2}{3}\pi\right)$

(2) $\left(2\sqrt{3}, \dfrac{7}{6}\pi\right)$

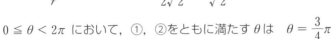

例 113 直交座標が $(-2, 2)$ である点Pを極座標 (r, θ) で表せ。ただし，$0 \leqq \theta < 2\pi$ とする。

| 解答 | $r = \sqrt{(-2)^2 + 2^2} = 2\sqrt{2}$ また

$\cos\theta = \dfrac{x}{r}$ より $\quad \cos\theta = \dfrac{-2}{2\sqrt{2}} = -\dfrac{1}{\sqrt{2}} \quad \cdots\cdots$①

$\sin\theta = \dfrac{y}{r}$ より $\quad \sin\theta = \dfrac{2}{2\sqrt{2}} = \dfrac{1}{\sqrt{2}} \quad \cdots\cdots$②

$0 \leqq \theta < 2\pi$ において，①，②をともに満たす θ は $\quad \theta = \dfrac{3}{4}\pi$

よって，点Pの極座標は $\left(2\sqrt{2}, \dfrac{3}{4}\pi\right)$

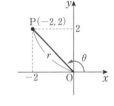

123A 直交座標で表された点 $(2\sqrt{3}, 2)$ を極座標 (r, θ) で表せ。ただし，$0 \leqq \theta < 2\pi$ とする。

123B 直交座標で表された点 $(-2, 2\sqrt{3})$ を極座標 (r, θ) で表せ。ただし，$0 \leqq \theta < 2\pi$ とする。

検印

25 極方程式

▶教 p.136〜139

POINT 93
極方程式

平面上の曲線が，極座標 (r, θ) の方程式 $r = f(\theta)$ または $F(r, \theta) = 0$ で表されるとき，これを極方程式という。

極方程式においては，$r < 0$ となるときの点 (r, θ) は，点 $(|r|, \theta + \pi)$ と定義する。

例 114 次の極座標で表された点を図示せよ。

(1) 点 $\left(-2, \dfrac{\pi}{6}\right)$　　　　(2) 点 $\left(-1, \dfrac{3}{4}\pi\right)$

$\boxed{\text{解答}}$ (1) 点 $\left(-2, \dfrac{\pi}{6}\right)$ は，点 $\left(|-2|, \dfrac{\pi}{6} + \pi\right)$

すなわち，点 $\left(2, \dfrac{7}{6}\pi\right)$ を表す。

(2) 点 $\left(-1, \dfrac{3}{4}\pi\right)$ は，点 $\left(|-1|, \dfrac{3}{4}\pi + \pi\right)$

すなわち，点 $\left(1, \dfrac{7}{4}\pi\right)$ を表す。

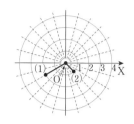

124A 次の極座標で表された点を図示せよ。

(1) $\left(-3, \dfrac{\pi}{4}\right)$

(2) $\left(-1, \dfrac{\pi}{3}\right)$

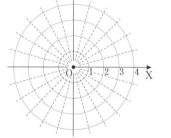

124B 次の極座標で表された点を図示せよ。

(1) $\left(-2, \dfrac{2}{3}\pi\right)$

(2) $\left(-4, \dfrac{\pi}{2}\right)$

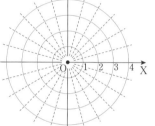

例 115 次の直線と円を図示せよ。

(1) 直線 $\theta = \dfrac{\pi}{4}$　　　　(2) 円 $r = 3$

$\boxed{\text{解答}}$ (1) 極 O を通り，始線 OX とのなす角が $\dfrac{\pi}{4}$ である直線を表す。

(2) 極 O を中心とする半径 3 の円を表す。

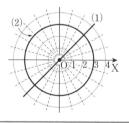

125A 次の直線と円を図示せよ。

(1) 直線 $\theta = \dfrac{\pi}{6}$

(2) 円 $r = 1$

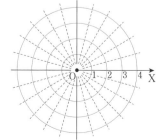

125B 次の直線と円を図示せよ。

(1) 直線 $\theta = \dfrac{2}{3}\pi$

(2) 円 $r = 2$

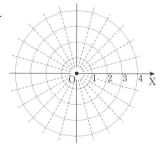

POINT 94
直線の極方程式

点 A の極座標を $A(a, \theta_1)$, $a > 0$ とするとき, 点 A を通り, OA に垂直な直線の極方程式は $\quad r\cos(\theta - \theta_1) = a$

例 116 次の点 A を通り, OA に垂直な直線の極方程式を求めよ.

(1) $A\left(2, \dfrac{\pi}{4}\right)$

(2) $A(3, 0)$

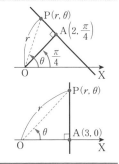

解答 (1) 点 $A\left(2, \dfrac{\pi}{4}\right)$ を通り, OA に垂直な

直線の極方程式は

$$r\cos\left(\theta - \frac{\pi}{4}\right) = 2 \qquad \Leftarrow a = 2, \ \theta_1 = \frac{\pi}{4}$$

(2) 点 $A(3, 0)$ を通り, 始線 OX に垂直な

直線の極方程式は

$$r\cos\theta = 3 \qquad \Leftarrow a = 3, \ \theta_1 = 0$$

126A 点 $A\left(1, \dfrac{\pi}{3}\right)$ を通り, OA に垂直な直線の極方程式を求めよ.

126B 点 $A\left(2, \dfrac{\pi}{2}\right)$ を通り, OA に垂直な直線の極方程式を求めよ.

例 117 中心 A の極座標が $(2, 0)$, 半径が 2 の円の極方程式を求めよ.

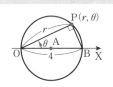

解答 円周上の点 P の極座標を (r, θ) とすると, 右の図のように

$$OB = 4$$
$$\angle BOP = \theta$$

であるから, この円の極方程式は $\quad r = 4\cos\theta$

127A 中心 A の極座標が $(3, 0)$, 半径が 3 の円の極方程式を求めよ.

127B 中心 A の極座標が $\left(1, \dfrac{\pi}{2}\right)$, 半径が 1 の円の極方程式を求めよ.

与えられた曲線上の点 $P(x, y)$ の極座標を (r, θ) とすると，$x = r\cos\theta$，
$y = r\sin\theta$ である。これを用いて r と θ の関係式を導く。

例 118 楕円 $\dfrac{x^2}{3} + y^2 = 1$ を極方程式で表せ。

解答 この曲線上の点 $P(x, y)$ の極座標を (r, θ) とすると，$x = r\cos\theta$，$y = r\sin\theta$ であるから

$$\frac{(r\cos\theta)^2}{3} + (r\sin\theta)^2 = 1$$

両辺に 3 を掛けて　$r^2\cos^2\theta + 3r^2\sin^2\theta = 3$

$$r^2(\cos^2\theta + 3\sin^2\theta) = 3 \qquad \leftarrow \sin^2\theta + \cos^2\theta = 1$$

よって　　　　　　　$r^2(2\sin^2\theta + 1) = 3$

128A 次の直交座標の方程式を極方程式で表せ。

(1) $(x-1)^2 + y^2 = 1$

(2) $x^2 - y^2 = -1$

128B 次の直交座標の方程式を極方程式で表せ。

(1) $x^2 + \dfrac{y^2}{4} = 1$

(2) $y^2 = 6x + 9$

POINT 96

極方程式 $r = f(\theta)$
→ 直交座標の方程式

$r = f(\theta)$ の両辺に r を掛け，$r = \sqrt{x^2 + y^2}$, $r\cos\theta = x$, $r\sin\theta = y$ を代入して，x と y の関係式を導く。

例 119 次の極方程式の表す曲線を，直交座標 x, y の方程式で表せ。

$$r = 3(\sin\theta + \cos\theta)$$

解答 与えられた極方程式の両辺に r を掛けると

$$r^2 = 3r(\sin\theta + \cos\theta)$$

より $\qquad r^2 = 3r\sin\theta + 3r\cos\theta$

この曲線上の点 $\mathrm{P}(r, \theta)$ の直交座標を (x, y) とすると，

$x = r\cos\theta$, $y = r\sin\theta$, $r = \sqrt{x^2 + y^2}$ であるから

$$(\sqrt{x^2 + y^2})^2 = 3y + 3x$$

よって $\qquad x^2 + y^2 - 3x - 3y = 0$

129A 次の極方程式の表す曲線を，直交座標 x, y の方程式で表せ。

(1) $r = 8(\cos\theta + \sin\theta)$

(2) $r = 4\cos\theta$

129B 次の極方程式の表す曲線を，直交座標 x, y の方程式で表せ。

(1) $r = 2(\sin\theta - \cos\theta)$

(2) $r = -6\sin\theta$

例 120 次の極方程式の表す曲線を，直交座標 x，y の方程式で表せ。

$$r = \frac{1}{2+\cos\theta} \quad \cdots\cdots①$$

解答 ①の分母を払うと $r(2+\cos\theta) = 1$ より $2r + r\cos\theta = 1$

この曲線上の点 $P(r,\ \theta)$ の直交座標を $(x,\ y)$ とすると，$x = r\cos\theta$，$r = \sqrt{x^2+y^2}$

であるから

$\quad 2\sqrt{x^2+y^2} + x = 1$ より $2\sqrt{x^2+y^2} = -x+1$

両辺を 2 乗すると $4(x^2+y^2) = x^2 - 2x + 1$

よって $\quad 3x^2 + 4y^2 + 2x - 1 = 0$

130A 次の極方程式の表す曲線を，直交座標 x，y の方程式で表せ。

$$r = \frac{1}{2-2\cos\theta}$$

130B 次の極方程式の表す曲線を，直交座標 x，y の方程式で表せ。

$$r = \frac{3}{2+2\sin\theta}$$

例題 7　楕円によって切り取られる線分の中点

楕円 $\dfrac{x^2}{4} + y^2 = 1$ と直線 $x - 2y + 1 = 0$ の2つの交点をP，Qとするとき，線分 PQ の中点 M の座標を求めよ。

考え方　2次曲線と直線との異なる2つの共有点の x 座標は，2次曲線の方程式と直線の方程式から得られる x の2次方程式の解である。2次方程式の解と係数の関係を利用して，PQ の中点 M の x 座標を求める。

解答　$x - 2y + 1 = 0$ より　$2y = x + 1$　……①

また，$\dfrac{x^2}{4} + y^2 = 1$ より　$x^2 + 4y^2 = 4$

これに①を代入して　$x^2 + (x+1)^2 = 4$

展開して整理すると　$2x^2 + 2x - 3 = 0$

交点 P，Q を $(x_1,\ y_1)$，$(x_2,\ y_2)$ とおくと，線分 PQ の中点 M の x 座標は　$\dfrac{x_1 + x_2}{2}$

x_1，x_2 は2次方程式 $2x^2 + 2x - 3 = 0$ の解であるから，解と係数の関係より

$$x_1 + x_2 = -\frac{2}{2} = -1 \qquad \frac{x_1 + x_2}{2} = -\frac{1}{2}$$

また，中点 M の y 座標は①より

$$2y = -\frac{1}{2} + 1 \qquad y = \frac{1}{4}$$

ゆえに，中点 M の座標は　$\left(-\dfrac{1}{2},\ \dfrac{1}{4} \right)$　**答**

131　双曲線 $x^2 - 4y^2 = 1$ と直線 $x - y + 2 = 0$ の2つの交点を P，Q とするとき，線分 PQ の中点 M の座標を求めよ。

楕円 $x^2 + \dfrac{y^2}{4} = 1$　……① の傾きが2である接線の方程式を求めよ。

考え方　切片を n とおいて得られる接線の方程式と楕円の方程式から，y を消去して得られる x の2次方程式の判別式が $D = 0$ である。

解答　求める接線の方程式は，傾きが2であるから　$y = 2x + n$　……②
とおける。①，②から y を消去して

$$x^2 + \frac{(2x + n)^2}{4} = 1$$

$$4x^2 + (2x + n)^2 = 4$$

展開して整理すると

$$8x^2 + 4nx + n^2 - 4 = 0$$

この2次方程式の判別式を D とすると

$$D = (4n)^2 - 4 \times 8 \times (n^2 - 4) = -16(n^2 - 8)$$

直線と楕円が接するのは $D = 0$ のときであるから

$-16(n^2 - 8) = 0$　より　$n = \pm 2\sqrt{2}$

したがって，求める接線の方程式は　$\boldsymbol{y = 2x + 2\sqrt{2}}$，$\boldsymbol{y = 2x - 2\sqrt{2}}$　答

132 放物線 $y^2 = 4x$ の傾きが $\dfrac{1}{2}$ である接線の方程式を求めよ。

例題 9　2次曲線の離心率

▶数 p.126 思考力✛

定点 F の座標を $(9, 0)$，点 P から直線 $x = 1$ におろした垂線を PH とするとき，
$\dfrac{\text{PF}}{\text{PH}} = 3$ である点 P の軌跡を求めよ。

考え方 点 P の座標を (x, y) とおき，2点間の距離の公式などを利用して，PF，PH を x, y を用いて表す。

解答 点 P の座標を (x, y) とすると

$$\text{PF} = \sqrt{(x-9)^2 + y^2}, \ \ \text{PH} = |x - 1|$$

$\dfrac{\text{PF}}{\text{PH}} = 3$ より　$\text{PF} = 3\text{PH}$

ゆえに　$\sqrt{(x-9)^2 + y^2} = 3|x - 1|$

両辺を2乗すると　$(x-9)^2 + y^2 = 9(x-1)^2$

展開して整理すると　$8x^2 - y^2 = 72$

すなわち，求める軌跡は　**双曲線 $\dfrac{x^2}{9} - \dfrac{y^2}{72} = 1$**　**答**

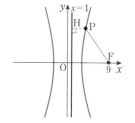

133 定点 F の座標を $(2, 0)$，点 P から直線 $x = \dfrac{1}{2}$ におろした垂線を PH とするとき，

$\dfrac{\text{PF}}{\text{PH}} = 2$ である点 P の軌跡を求めよ。

検印

1A (1) $\overrightarrow{\mathrm{CB}}$ (2) $\overrightarrow{\mathrm{DC}}$, $\overrightarrow{\mathrm{AB}}$

1B (1) $\overrightarrow{\mathrm{AD}}$ (2) $\overrightarrow{\mathrm{BA}}$, $\overrightarrow{\mathrm{CD}}$

2A (1) $\vec{a}$ と $\vec{f}$, $\vec{c}$ と $\vec{e}$ (2) $\vec{b}$ と $\vec{d}$

2B (1) $\vec{a}$ と $\vec{e}$ (2) $\vec{b}$ と $\vec{f}$, $\vec{c}$ と $\vec{d}$

3A (1)

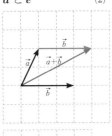

(2)

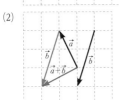

3B (1)

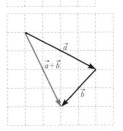

(2)

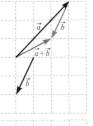

4A (1)

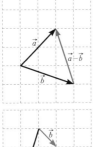

(2)

4B (1)

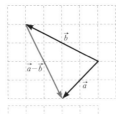

(2)

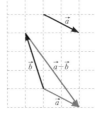

5A

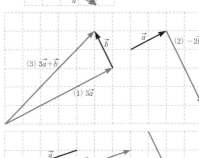

5B

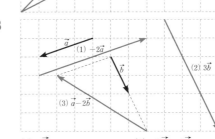

6A (1) $\vec{a}$ (2) $2\vec{a}-4\vec{b}$

     (3) $7\vec{a}-6\vec{b}$ (4) $3\vec{a}+5\vec{b}$

6B (1) $-\vec{b}$ (2) $-2\vec{a}+2\vec{b}$

     (3) $7\vec{a}-4\vec{b}$ (4) $-7\vec{a}+17\vec{b}$

7A $\vec{b}=2\vec{a}$, $\vec{c}=\dfrac{1}{2}\vec{a}$, $\vec{d}=-\dfrac{2}{3}\vec{a}$

7B $\vec{b}=-2\vec{a}$, $\vec{c}=\dfrac{1}{3}\vec{a}$, $\vec{d}=3\vec{a}$

8A (1) $\vec{a}+\vec{b}$

     (2) $\vec{b}-\vec{a}$

     (3) $2\vec{b}-\vec{a}$

8B (1) $-2\vec{a}$

     (2) $\vec{a}-\vec{b}$

     (3) $2\vec{a}-\vec{b}$

9A (1) $x=-4$, $y=3$

     (2) $x=2$, $y=1$

     (3) $x=1$, $y=-3$

9B (1) $x=3$, $y=2$

     (2) $x=-2$, $y=2$

(3) $x=-\dfrac{1}{3}$, $y=\dfrac{2}{3}$

10A $\vec{a}=(1,\ 2)$, $|\vec{a}|=\sqrt{5}$
$\vec{b}=(-1,\ 3)$, $|\vec{b}|=\sqrt{10}$
$\vec{c}=(-3,\ 2)$, $|\vec{c}|=\sqrt{13}$
$\vec{d}=(-2,\ -4)$, $|\vec{d}|=2\sqrt{5}$
$\vec{e}=(2,\ 3)$, $|\vec{e}|=\sqrt{13}$

10B $\vec{a}=(2,\ 1)$, $|\vec{a}|=\sqrt{5}$
$\vec{b}=(-3,\ 1)$, $|\vec{b}|=\sqrt{10}$
$\vec{c}=(2,\ -3)$, $|\vec{c}|=\sqrt{13}$
$\vec{d}=(-1,\ -3)$, $|\vec{d}|=\sqrt{10}$
$\vec{e}=(2,\ 0)$, $|\vec{e}|=2$

11A (1) $(-9,\ 3)$
(2) $(5,\ 5)$
(3) $(-11,\ 7)$

11B (1) $(6,\ 4)$
(2) $(-12,\ -1)$
(3) $(8,\ 3)$

12A $x=\dfrac{1}{2}$

12B $x=\dfrac{6}{5}$

13A $(6,\ 9)$, $(-6,\ -9)$

13B $(-2,\ 4)$, $(2,\ -4)$

14A $\vec{p}=-2\vec{a}+3\vec{b}$

14B $\vec{p}=5\vec{a}+6\vec{b}$

15A $\overrightarrow{AB}=(-3,\ 5)$
$|\overrightarrow{AB}|=\sqrt{34}$
$\overrightarrow{BC}=(-2,\ -3)$
$|\overrightarrow{BC}|=\sqrt{13}$
$\overrightarrow{CA}=(5,\ -2)$
$|\overrightarrow{CA}|=\sqrt{29}$

15B $\overrightarrow{AB}=(7,\ -5)$
$|\overrightarrow{AB}|=\sqrt{74}$
$\overrightarrow{BC}=(-1,\ 6)$
$|\overrightarrow{BC}|=\sqrt{37}$
$\overrightarrow{CA}=(-6,\ -1)$
$|\overrightarrow{CA}|=\sqrt{37}$

16A $x=-2$, $y=0$

16B $x=-3$, $y=1$

17A 2

17B $-\dfrac{5\sqrt{3}}{2}$

18A (1) $\sqrt{3}+3$ (2) $-1-\sqrt{3}$

18B (1) 0 (2) -1

19A (1) 6 (2) 0
(3) 2 (4) 1

19B (1) 23 (2) -36
(3) $4\sqrt{2}$ (4) -7

20A (1) $\theta=135°$ (2) $\theta=30°$

20B (1) $\theta=90°$ (2) $\theta=150°$

21A (1) $x=\dfrac{2}{3}$ (2) $x=3$

21B (1) $x=-5$ (2) $x=\dfrac{9}{4}$

22A $(\sqrt{6},\ -5\sqrt{3})$, $(-\sqrt{6},\ 5\sqrt{3})$

22B $\left(\dfrac{3}{5},\ \dfrac{4}{5}\right)$, $\left(-\dfrac{3}{5},\ -\dfrac{4}{5}\right)$

23A $(\vec{a}+2\vec{b})\cdot(\vec{a}-2\vec{b})$
$=\vec{a}\cdot(\vec{a}-2\vec{b})+2\vec{b}\cdot(\vec{a}-2\vec{b})$
$=\vec{a}\cdot\vec{a}-2\vec{a}\cdot\vec{b}+2\vec{b}\cdot\vec{a}-4\vec{b}\cdot\vec{b}$
$=\vec{a}\cdot\vec{a}-4\vec{b}\cdot\vec{b}$
$=|\vec{a}|^2-4|\vec{b}|^2$
よって $(\vec{a}+2\vec{b})\cdot(\vec{a}-2\vec{b})=|\vec{a}|^2-4|\vec{b}|^2$

23B $|3\vec{a}+2\vec{b}|^2$
$=(3\vec{a}+2\vec{b})\cdot(3\vec{a}+2\vec{b})$
$=9\vec{a}\cdot\vec{a}+6\vec{a}\cdot\vec{b}+6\vec{b}\cdot\vec{a}+4\vec{b}\cdot\vec{b}$
$=9|\vec{a}|^2+12\vec{a}\cdot\vec{b}+4|\vec{b}|^2$
よって $|3\vec{a}+2\vec{b}|^2=9|\vec{a}|^2+12\vec{a}\cdot\vec{b}+4|\vec{b}|^2$

24A (1) $\sqrt{6}$ (2) $\sqrt{30}$

24B (1) $\sqrt{13}$ (2) $\sqrt{97}$

25A (1) 5 (2) $\dfrac{15}{2}$

25B (1) $\dfrac{13}{2}$ (2) 8

26A $\vec{p}=\dfrac{4\vec{a}+3\vec{b}}{7}$
$\vec{q}=\dfrac{-2\vec{a}+5\vec{b}}{3}$

26B $\vec{p}=\dfrac{2\vec{a}+3\vec{b}}{5}$
$\vec{q}=5\vec{a}-4\vec{b}$

27A (1) $\vec{l}=\dfrac{2\vec{b}+3\vec{c}}{5}$
$\vec{m}=\dfrac{2\vec{c}+3\vec{a}}{5}$
$\vec{n}=\dfrac{2\vec{a}+3\vec{b}}{5}$
(2) $\vec{g}=\dfrac{\vec{a}+\vec{b}+\vec{c}}{3}$

27B (1) $\vec{l}=\dfrac{4\vec{b}+3\vec{c}}{7}$
$\vec{m}=\dfrac{4\vec{c}+3\vec{a}}{7}$
$\vec{n}=\dfrac{4\vec{a}+3\vec{b}}{7}$
(2) $\vec{g}=\dfrac{\vec{a}+\vec{b}+\vec{c}}{3}$

28A (1) $\overrightarrow{PQ}=\dfrac{-5\vec{b}+3\vec{d}}{12}$
$\overrightarrow{PR}=\dfrac{-10\vec{b}+6\vec{d}}{15}$
(2) (1)より
$\overrightarrow{PR}=\dfrac{2(-5\vec{b}+3\vec{d})}{15}=\dfrac{8}{5}\times\dfrac{-5\vec{b}+3\vec{d}}{12}=\dfrac{8}{5}\overrightarrow{PQ}$

第 1 章

解答

— 101 —

したがって，3点P，Q，Rは一直線上にある。

28B (1) $\overrightarrow{PQ}=\dfrac{-\vec{b}+2\vec{d}}{9}$

$\overrightarrow{PR}=\dfrac{-\vec{b}+2\vec{d}}{3}$

(2) (1)より

$\overrightarrow{PR}=3\times\dfrac{-\vec{b}+2\vec{d}}{9}=3\overrightarrow{PQ}$

したがって，3点P，Q，Rは一直線上にある。

29 $\overrightarrow{OP}=\dfrac{2}{5}\vec{a}+\dfrac{1}{5}\vec{b}$

30 $\overrightarrow{AB}=\vec{b}$，$\overrightarrow{AC}=\vec{c}$ とすると

∠BAC$=90°$ より $\vec{b}\cdot\vec{c}=0$ ……①

$\overrightarrow{AP}=\dfrac{\vec{b}+2\vec{c}}{3}$

$=\dfrac{1}{3}\vec{b}+\dfrac{2}{3}\vec{c}$

$\overrightarrow{BQ}=\overrightarrow{BA}+\overrightarrow{AQ}$

$=-\overrightarrow{AB}+\dfrac{1}{2}\overrightarrow{AC}$

$=-\vec{b}+\dfrac{1}{2}\vec{c}$

$\overrightarrow{AP}\perp\overrightarrow{BQ}$ ならば $\overrightarrow{AP}\cdot\overrightarrow{BQ}=0$ より

$\left(\dfrac{1}{3}\vec{b}+\dfrac{2}{3}\vec{c}\right)\cdot\left(-\vec{b}+\dfrac{1}{2}\vec{c}\right)=0$

$-\dfrac{1}{3}|\vec{b}|^2-\dfrac{1}{2}\vec{b}\cdot\vec{c}+\dfrac{1}{3}|\vec{c}|^2=0$

①より

$-\dfrac{1}{3}|\vec{b}|^2+\dfrac{1}{3}|\vec{c}|^2=0$

$|\vec{b}|^2=|\vec{c}|^2$

ゆえに，$|\vec{b}|=|\vec{c}|$ であるから $|\overrightarrow{AB}|=|\overrightarrow{AC}|$

よって AB$=$AC

したがって，AP$\perp$BQ ならば AB$=$AC となる。

31A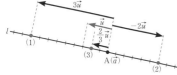

31B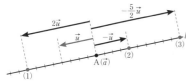

32A $\begin{cases} x=2-t \\ y=3+2t \end{cases}$

$y=-2x+7$

32B $\begin{cases} x=5+3t \\ y=-4t \end{cases}$

$y=-\dfrac{4}{3}x+\dfrac{20}{3}$

33A

(1) $t=-1$ (2) $t=\dfrac{4}{3}$

A$(\vec{a})$ B$(\vec{b})$ l

33B

(1) $t=2$ B$(\vec{b})$ A$(\vec{a})$ (2) $t=-\dfrac{3}{2}$

34A (1) $\begin{cases} x=2+2t \\ y=3+4t \end{cases}$

(2) $\begin{cases} x=-3+7t \\ y=2-3t \end{cases}$

34B (1) $\begin{cases} x=5-3t \\ y=3+t \end{cases}$

(2) $\begin{cases} x=-6+3t \\ y=-2+3t \end{cases}$

35 図の直線 A$'$B$'$

36A (1) $3x+2y-14=0$ (2) $\vec{n}=(3,\ -4)$
36B (1) $4x-3y+11=0$ (2) $\vec{n}=(1,\ 5)$
37A 中心の位置ベクトル $-\vec{a}$
半径 4

37B 中心の位置ベクトル $\dfrac{1}{3}\vec{a}$
半径 9

38A (1) Q$(4,\ 3,\ -2)$
(2) R$(4,\ -3,\ 2)$
(3) S$(-4,\ 3,\ -2)$

38B (1) Q$(-3,\ -2,\ -4)$
(2) R$(3,\ 2,\ -4)$
(3) S$(-3,\ 2,\ -4)$

39A (1) $\sqrt{17}$ (2) $\sqrt{14}$
39B (1) 3 (2) $3\sqrt{5}$
40A (1) $\overrightarrow{AD}$, $\overrightarrow{EH}$, $\overrightarrow{FG}$ (2) $\overrightarrow{CA}$, $\overrightarrow{GE}$
40B (1) $\overrightarrow{CD}$, $\overrightarrow{BA}$, $\overrightarrow{FE}$ (2) $\overrightarrow{ED}$, $\overrightarrow{FC}$
41A $\overrightarrow{AB}=\overrightarrow{HG}$, $\overrightarrow{EH}=\overrightarrow{FG}$
よって

$\overrightarrow{AB}+\overrightarrow{EH}=\overrightarrow{HG}+\overrightarrow{FG}$

41B $\overrightarrow{AG}-\overrightarrow{FG}=\overrightarrow{AG}+\overrightarrow{GF}=\overrightarrow{AF}$

また

$\overrightarrow{CF}-\overrightarrow{GE}=\overrightarrow{DE}+\overrightarrow{EG}$

$=\overrightarrow{DG}$

$=\overrightarrow{AF}$

よって

$\overrightarrow{AG}-\overrightarrow{FG}=\overrightarrow{CF}-\overrightarrow{GE}$

42A (1) $-\vec{a}+\vec{b}$
(2) $-\vec{b}+\vec{c}$
(3) $-\vec{a}+\vec{b}+\vec{c}$
42B (1) $\vec{a}+\vec{c}$

(2) $\vec{a}+\vec{b}$

(3) $-\vec{a}+\vec{b}-\vec{c}$

43A $x=1$, $y=5$, $z=4$

43B $x=3$, $y=2$, $z=4$

44A (1) 3 (2) $3\sqrt{5}$

44B (1) $5\sqrt{2}$ (2) $3\sqrt{6}$

45A $(-2,\ 3,\ 6)$

45B $(12,\ -4,\ 1)$

46A $\overrightarrow{AB}=(-3,\ 2,\ 8)$

$|\overrightarrow{AB}|=\sqrt{77}$

46B $\overrightarrow{AB}=(-2,\ -1,\ 0)$

$|\overrightarrow{AB}|=\sqrt{5}$

47A (1) 4 (2) 4

47B (1) -16 (2) 16

48A (1) 4 (2) 1

48B (1) 15 (2) 0

49A $\theta=45°$

49B $\theta=135°$

50A $x=1$

50B $z=3$

51A $(1,\ 2,\ 2)$, $(-1,\ -2,\ -2)$

51B $\left(\dfrac{2}{\sqrt{14}},\ -\dfrac{3}{\sqrt{14}},\ \dfrac{1}{\sqrt{14}}\right)$, $\left(-\dfrac{2}{\sqrt{14}},\ \dfrac{3}{\sqrt{14}},\ -\dfrac{1}{\sqrt{14}}\right)$

52A $\overrightarrow{MP}=\dfrac{2\vec{a}+\vec{b}-3\vec{c}}{6}$

52B $\overrightarrow{MP}=\dfrac{-2\vec{b}+\vec{c}}{4}$

53A (1) $P(5,\ -2,\ 2)$

(2) $Q(29,\ -26,\ 26)$

53B (1) $P(-1,\ 3,\ -4)$

(2) $Q(-13,\ 15,\ 8)$

54 $\overrightarrow{AB}=\vec{b}$, $\overrightarrow{AD}=\vec{d}$, $\overrightarrow{AE}=\vec{e}$ とすると

$\overrightarrow{AC}=\vec{b}+\vec{d}$

$\overrightarrow{AP}=\dfrac{\vec{b}+\vec{d}+\vec{e}}{3}$

$\overrightarrow{AM}=\dfrac{1}{2}\vec{e}$ より

$\overrightarrow{MP}=\overrightarrow{AP}-\overrightarrow{AM}=\dfrac{\vec{b}+\vec{d}+\vec{e}}{3}-\dfrac{1}{2}\vec{e}$

$\quad=\dfrac{1}{6}(2\vec{b}+2\vec{d}-\vec{e})$

$\overrightarrow{MC}=\overrightarrow{AC}-\overrightarrow{AM}=\vec{b}+\vec{d}-\dfrac{1}{2}\vec{e}$

$\quad=\dfrac{1}{2}(2\vec{b}+2\vec{d}-\vec{e})$

よって $\overrightarrow{MC}=3\overrightarrow{MP}$

したがって，3点 M，P，C は一直線上にある。

55A $x=-11$

55B $z=0$

56 $\overrightarrow{OA}=\vec{a}$, $\overrightarrow{OB}=\vec{b}$, $\overrightarrow{OC}=\vec{c}$,

正四面体の1辺の長さを d とすると

$$\vec{a}\cdot\vec{b}=\vec{b}\cdot\vec{c}=\vec{c}\cdot\vec{a}=d^2\cos 60°=\dfrac{d^2}{2}$$

また，点Gは △ABC の重心であるから，

$$\overrightarrow{OG}=\dfrac{\overrightarrow{OA}+\overrightarrow{OB}+\overrightarrow{OC}}{3}=\dfrac{\vec{a}+\vec{b}+\vec{c}}{3} \quad \text{より}$$

$$\overrightarrow{OG}\cdot\overrightarrow{AB}=\dfrac{\vec{a}+\vec{b}+\vec{c}}{3}\cdot(\vec{b}-\vec{a})$$

$$=\dfrac{1}{3}(-\vec{a}\cdot\vec{a}+\vec{b}\cdot\vec{b}+\vec{b}\cdot\vec{c}-\vec{c}\cdot\vec{a})$$

$$=\dfrac{1}{3}\left(-d^2+d^2+\dfrac{d^2}{2}-\dfrac{d^2}{2}\right)$$

$$=0$$

すなわち $\overrightarrow{OG}\cdot\overrightarrow{AB}=0$

ここで，$\overrightarrow{OG}\neq\vec{0}$，$\overrightarrow{AB}\neq\vec{0}$ であるから

$\quad OG\perp AB$

また

$$\overrightarrow{OG}\cdot\overrightarrow{AC}=\dfrac{\vec{a}+\vec{b}+\vec{c}}{3}\cdot(\vec{c}-\vec{a})$$

$$=\dfrac{1}{3}(-\vec{a}\cdot\vec{a}+\vec{b}\cdot\vec{c}-\vec{b}\cdot\vec{a}+\vec{c}\cdot\vec{c})$$

$$=\dfrac{1}{3}\left(-d^2+\dfrac{d^2}{2}-\dfrac{d^2}{2}+d^2\right)$$

$$=0$$

すなわち $\overrightarrow{OG}\cdot\overrightarrow{AC}=0$

ここで，$\overrightarrow{OG}\neq\vec{0}$，$\overrightarrow{AC}\neq\vec{0}$ であるから

$\quad OG\perp AC$

57A (1) $z=-4$ (2) $x=2$

57B (1) $y=5$ (2) $z=-3$

58A (1) $(x-2)^2+(y-3)^2+(z+1)^2=16$

(2) $x^2+y^2+z^2=9$

58B (1) $x^2+y^2+z^2=25$

(2) $(x-1)^2+(y-4)^2+(z+2)^2=4$

59A $(x-3)^2+(y-1)^2+(z+1)^2=17$

59B $(x-3)^2+(y-5)^2+(z+1)^2=2$

60A 円の中心の座標は $(0,\ 5,\ -1)$，半径は 1

60B 円の中心の座標は $(-1,\ 0,\ 2)$，半径は $\sqrt{14}$

演習問題

61 $t=\dfrac{4}{13}$ のとき，最小値 $\dfrac{7\sqrt{13}}{13}$

62 (1) 辺 BC を $4:3$ に内分する点をDとするとき，点Pは線分 AD を $7:2$ に内分する点

(2) $4:2:3$

63 $\overrightarrow{OL}=\dfrac{1}{5}\overrightarrow{OA}+\dfrac{1}{5}\overrightarrow{OB}+\dfrac{3}{5}\overrightarrow{OC}$

64A $x=-3, \ y=2$

64B $x=-\dfrac{1}{2}, \ y=1$

65A (1) $3-2i$
(2) $1-17i$
(3) 13

65B (1) $2-13i$
(2) $14+3i$
(3) $-1+4\sqrt{3}\,i$

66A (1) $-1-3i$ (2) 5

66B (1) $2+\sqrt{3}\,i$ (2) $-2i$

67A (1) $-\dfrac{1}{5}-\dfrac{7}{5}i$ (2) $\dfrac{3}{2}-2i$

67B (1) $-1-4i$ (2) $-\dfrac{5}{13}-\dfrac{12}{13}i$

68A

68B

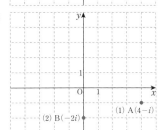

69A

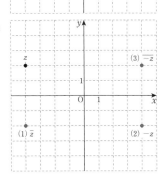

69B

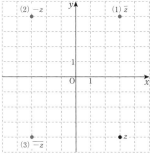

70A (1) $\sqrt{29}$ (2) 6

70B (1) $5\sqrt{2}$ (2) 5

71A

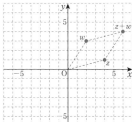

71B

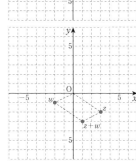

72A $\sqrt{10}$

72B $\sqrt{17}$

73A

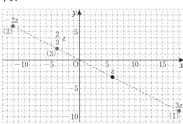

73B

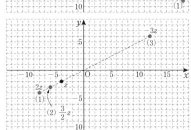

74A (1) $2\left(\cos\dfrac{\pi}{6}+i\sin\dfrac{\pi}{6}\right)$

(2) $\sqrt{2}\left(\cos\dfrac{5}{4}\pi+i\sin\dfrac{5}{4}\pi\right)$

(3) $4\left(\cos\dfrac{\pi}{2}+i\sin\dfrac{\pi}{2}\right)$

74B　(1)　$2\left(\cos\dfrac{\pi}{3}+i\sin\dfrac{\pi}{3}\right)$

(2)　$2\sqrt{2}\left(\cos\dfrac{7}{4}\pi+i\sin\dfrac{7}{4}\pi\right)$

(3)　$3(\cos 0+i\sin 0)$

75A　$z_1z_2=6\left(\cos\dfrac{11}{12}\pi+i\sin\dfrac{11}{12}\pi\right)$

$\dfrac{z_1}{z_2}=\dfrac{3}{2}\left(\cos\dfrac{5}{12}\pi+i\sin\dfrac{5}{12}\pi\right)$

75B　$z_1z_2=4\left(\cos\dfrac{5}{3}\pi+i\sin\dfrac{5}{3}\pi\right)$

$\dfrac{z_1}{z_2}=4\left(\cos\dfrac{4}{3}\pi+i\sin\dfrac{4}{3}\pi\right)$

76A　(1)　$z_1=2\left(\cos\dfrac{\pi}{3}+i\sin\dfrac{\pi}{3}\right)$

$z_2=3\sqrt{2}\left(\cos\dfrac{\pi}{4}+i\sin\dfrac{\pi}{4}\right)$

(2)　$z_1z_2=6\sqrt{2}\left(\cos\dfrac{7}{12}\pi+i\sin\dfrac{7}{12}\pi\right)$

$\dfrac{z_1}{z_2}=\dfrac{\sqrt{2}}{3}\left(\cos\dfrac{\pi}{12}+i\sin\dfrac{\pi}{12}\right)$

76B　(1)　$z_1=\sqrt{2}\left(\cos\dfrac{7}{4}\pi+i\sin\dfrac{7}{4}\pi\right)$

$z_2=2\left(\cos\dfrac{\pi}{6}+i\sin\dfrac{\pi}{6}\right)$

(2)　$z_1z_2=2\sqrt{2}\left(\cos\dfrac{23}{12}\pi+i\sin\dfrac{23}{12}\pi\right)$

$\dfrac{z_1}{z_2}=\dfrac{\sqrt{2}}{2}\left(\cos\dfrac{19}{12}\pi+i\sin\dfrac{19}{12}\pi\right)$

77A　$z_1z_2=2\sqrt{6}\left(\cos\dfrac{13}{12}\pi+i\sin\dfrac{13}{12}\pi\right)$

$\dfrac{z_1}{z_2}=\dfrac{\sqrt{6}}{6}\left(\cos\dfrac{5}{12}\pi+i\sin\dfrac{5}{12}\pi\right)$

77B　$z_1z_2=4\sqrt{2}\left(\cos\dfrac{\pi}{3}+i\sin\dfrac{\pi}{3}\right)$

$\dfrac{z_1}{z_2}=\dfrac{\sqrt{2}}{2}\left(\cos\dfrac{2}{3}\pi+i\sin\dfrac{2}{3}\pi\right)$

78A　(1)　点 z を原点のまわりに $\dfrac{\pi}{6}$ だけ回転し，原点からの距離を 2 倍した点

(2)　点 z を原点のまわりに π だけ回転し，原点からの距離を 5 倍した点

78B　(1)　点 z を原点のまわりに $\dfrac{7}{6}\pi$ だけ回転し，原点からの距離を 2 倍した点

(2)　点 z を原点のまわりに $\dfrac{3}{2}\pi$ だけ回転し，原点からの距離を 7 倍した点

79A　$\dfrac{1}{2}+\dfrac{3\sqrt{3}}{2}i$

79B　-2

80A　点 z を原点のまわりに $-\dfrac{\pi}{4}$ だけ回転し，原点からの距離を $\dfrac{1}{2\sqrt{2}}$ 倍した点

80B　点 z を原点のまわりに $-\dfrac{2}{3}\pi$ だけ回転し，原点からの距離を $\dfrac{1}{2\sqrt{3}}$ 倍した点

81A　(1)　-1　　　　(2)　$-i$

81B　(1)　$-\dfrac{1}{2}+\dfrac{\sqrt{3}}{2}i$　　(2)　$-\dfrac{\sqrt{3}}{2}-\dfrac{1}{2}i$

82A　-1

82B　$-\dfrac{1}{2}+\dfrac{\sqrt{3}}{2}i$

83A　(1)　64　　　　(2)　$16+16\sqrt{3}\,i$

83B　(1)　-4　　　　(2)　$\dfrac{1}{16}+\dfrac{1}{16}i$

84　$z=1,\ \dfrac{1}{2}+\dfrac{\sqrt{3}}{2}i,\ -\dfrac{1}{2}+\dfrac{\sqrt{3}}{2}i,$

$-1,\ -\dfrac{1}{2}-\dfrac{\sqrt{3}}{2}i,\ \dfrac{1}{2}-\dfrac{\sqrt{3}}{2}i$

85A　$z=2,\ -1+\sqrt{3}\,i,\ -1-\sqrt{3}\,i$

85B　$z=\dfrac{\sqrt{3}}{2}+\dfrac{1}{2}i,\ -\dfrac{1}{2}+\dfrac{\sqrt{3}}{2}i,$

$-\dfrac{\sqrt{3}}{2}-\dfrac{1}{2}i,\ \dfrac{1}{2}-\dfrac{\sqrt{3}}{2}i$

86A　$z_1=5+i,\ z_2=8+7i$

86B　$z_1=\dfrac{18}{5}-\dfrac{9}{5}i,\ z_2=-6-21i$

87A　$z=2-i$

87B　$z=\dfrac{7}{3}+3i$

88A　点 3 を中心とする半径 4 の円

88B　点 $\dfrac{1}{2}i$ を中心とする半径 $\dfrac{1}{2}$ の円

89A　2 点 -3，$2i$ を結ぶ線分の垂直二等分線

89B　原点と点 $-1+i$ を結ぶ線分の垂直二等分線

90　(1)　点 -3 を中心とする半径 4 の円

(2)　2 点 $-i$，3 を結ぶ線分の垂直二等分線

91A　$\dfrac{\pi}{4}$

91B　$\dfrac{2}{3}\pi$

92A　$\dfrac{\pi}{2}$

92B　$\dfrac{5}{6}\pi$

93　(1)　$k=-5$　　　(2)　$k=\dfrac{15}{2}$

94A　(1)　$\angle\mathrm{A}=135°$ の二等辺三角形

(2)　$\angle\mathrm{A}=30°$，$\angle\mathrm{C}=90°$ の直角三角形

94B　(1)　$\mathrm{AB:AC}=1:2$，$\angle\mathrm{A}=90°$ の直角三角形

(2)　$\angle\mathrm{A}=60°$，$\angle\mathrm{B}=90°$ の直角三角形

演習問題

95A　点 4 を中心とする半径 3 の円

95B　点 $-4i$ を中心とする半径 4 の円

96A　$(3-\sqrt{3})+(3+2\sqrt{3})i$

96B　$(4-\sqrt{2})+(1+3\sqrt{2})i$

97　$n=4$

98A $\ y^2=12x$

98B $\ y^2=-x$

99A 焦点 $\ \mathrm{F}\left(\dfrac{1}{2},\ 0\right)$, 準線 $\ x=-\dfrac{1}{2}$

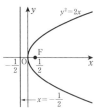

99B 焦点 $\ \mathrm{F}\left(-\dfrac{1}{4},\ 0\right)$, 準線 $\ x=\dfrac{1}{4}$

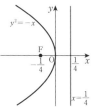

100A $\ x^2=12y$

100B $\ x^2=-\dfrac{1}{2}y$

101A 焦点 $\ \mathrm{F}\left(0,\ \dfrac{1}{8}\right)$, 準線 $\ y=-\dfrac{1}{8}$

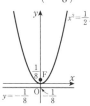

101B 焦点 $\ \mathrm{F}\left(0,\ -\dfrac{1}{2}\right)$, 準線 $\ y=\dfrac{1}{2}$

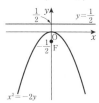

102A 焦点は $\ \mathrm{F}(\sqrt{5},\ 0),\ \mathrm{F}'(-\sqrt{5},\ 0)$
頂点の座標は
$(3,\ 0),\ (-3,\ 0),$
$(0,\ 2),\ (0,\ -2)$
長軸の長さは 6,
短軸の長さは 4

102B 焦点は $\ \mathrm{F}(1,\ 0),\ \mathrm{F}'(-1,\ 0)$
頂点の座標は
$(2,\ 0),\ (-2,\ 0),$
$(0,\ \sqrt{3}),\ (0,\ -\sqrt{3})$
長軸の長さは 4,
短軸の長さは $2\sqrt{3}$

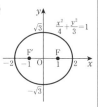

103A $\ \dfrac{x^2}{25}+\dfrac{y^2}{16}=1$

103B $\ \dfrac{x^2}{16}+\dfrac{y^2}{4}=1$

104A 焦点は $\ \mathrm{F}(0,\ 2\sqrt{3}),\ \mathrm{F}'(0,\ -2\sqrt{3})$
頂点の座標は
$(2,\ 0),\ (-2,\ 0),$
$(0,\ 4),\ (0,\ -4)$
長軸の長さは 8,
短軸の長さは 4

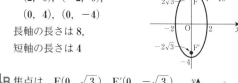

104B 焦点は $\ \mathrm{F}(0,\ \sqrt{3}),\ \mathrm{F}'(0,\ -\sqrt{3})$
頂点の座標は
$(1,\ 0),\ (-1,\ 0),$
$(0,\ 2),\ (0,\ -2)$
長軸の長さは 4,
短軸の長さは 2

105A 楕円 $\ \dfrac{x^2}{9}+y^2=1$

105B 楕円 $\ \dfrac{x^2}{9}+\dfrac{y^2}{4}=1$

106A 楕円 $\ \dfrac{x^2}{9}+y^2=1$

106B 楕円 $\ \dfrac{x^2}{9}+\dfrac{y^2}{16}=1$

107A (1) 焦点は $\ \mathrm{F}(2\sqrt{3},\ 0),\ \mathrm{F}'(-2\sqrt{3},\ 0)$
頂点の座標は $\ (2\sqrt{2},\ 0),\ (-2\sqrt{2},\ 0)$
(2) 焦点は $\ \mathrm{F}(2\sqrt{2},\ 0),\ \mathrm{F}'(-2\sqrt{2},\ 0)$
頂点の座標は $\ (2,\ 0),\ (-2,\ 0)$

107B (1) 焦点は $\ \mathrm{F}(5,\ 0),\ \mathrm{F}'(-5,\ 0)$
頂点の座標は $\ (3,\ 0),\ (-3,\ 0)$
(2) 焦点は $\ \mathrm{F}(3,\ 0),\ \mathrm{F}'(-3,\ 0)$
頂点の座標は $\ (\sqrt{5},\ 0),\ (-\sqrt{5},\ 0)$

108A 頂点の座標は
$(4,\ 0),\ (-4,\ 0)$
漸近線の方程式は
$y=\dfrac{3}{4}x,\ \ y=-\dfrac{3}{4}x$

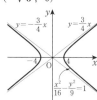

108B 頂点の座標は
$(3,\ 0),\ (-3,\ 0)$
漸近線の方程式は
$y=x,\ \ y=-x$

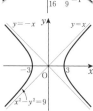

109A 頂点の座標は
$(0,\ 4),\ (0,\ -4)$
漸近線の方程式は
$y=\dfrac{4}{5}x,\ \ y=-\dfrac{4}{5}x$

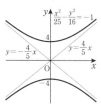

109B 頂点の座標は

$(0, 2)$, $(0, -2)$

漸近線の方程式は

$y=x$, $y=-x$

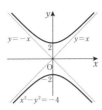

$x^2-y^2=-4$

110A $(x-1)^2+\dfrac{(y+2)^2}{2}=1$

焦点の座標は $(1, -1)$, $(1, -3)$

110B $(y+2)^2=-8(x-1)$

焦点の座標は $(-1, -2)$

111A $(y-1)^2=8(x+2)$

焦点の座標は $(0, 1)$

111B $(x-2)^2-\dfrac{(y+1)^2}{3}=1$

焦点の座標は $(4, -1)$, $(0, -1)$

112A 楕円 $\dfrac{x^2}{4}+y^2=1$ を x 軸方向に 2 だけ平行移動した楕円

112B 放物線 $x^2=2y$ を x 軸方向に -1, y 軸方向に 1 だけ平行移動した放物線

113A (1) $\left(-\dfrac{2}{3}, -\dfrac{8}{3}\right)$, $(2, 0)$

(2) $\left(-\dfrac{7}{2}, \dfrac{1}{4}\right)$

113B (1) $(-1, 1)$, $(-5, -7)$

(2) $\left(\dfrac{8}{3}, 4\right)$, $(6, -6)$

114A $-\sqrt{13}<k<\sqrt{13}$ のとき　　共有点は 2 個

$k=-\sqrt{13}$, $\sqrt{13}$ のとき　　共有点は 1 個

$k<-\sqrt{13}$, $\sqrt{13}<k$ のとき　共有点は 0 個

114B $k<1$ のとき　共有点は 2 個

$k=1$ のとき　共有点は 1 個

$k>1$ のとき　共有点は 0 個

115A $y=x-2$

115B $y=-x+4$

116A (1)

t	-2	-1	0	1	2
x	4	3	2	1	0
y	-3	0	1	0	-3

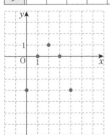

(2) 放物線 $y=-x^2+4x-3$

116B (1)

t	-2	-1	0	1	2
x	-1	1	3	5	7
y	2	-4	-6	-4	2

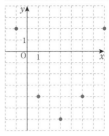

(2) 放物線 $y=\dfrac{1}{2}x^2-3x-\dfrac{3}{2}$

117A 放物線 $y=-x^2-1$

117B 放物線 $y=2x^2+4x+1$

118A (1) $x=\cos\theta$, $y=\sin\theta$

(2) $x=7\cos\theta$, $y=3\sin\theta$

118B (1) $x=\sqrt{5}\cos\theta$, $y=\sqrt{5}\sin\theta$

(2) $x=\cos\theta$, $y=2\sqrt{2}\sin\theta$

119A $\left(\dfrac{3}{2}\pi+1, 1\right)$

119B $\left(\dfrac{10}{3}\pi+\sqrt{3}, 1\right)$

120A

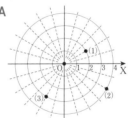

120B

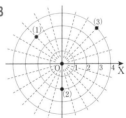

121A $\mathrm{A}\left(\sqrt{2}, \dfrac{\pi}{4}\right)$

121B (1) $\mathrm{D}\left(\sqrt{2}, \dfrac{7}{4}\pi\right)$　　(2) $\mathrm{M}\left(1, \dfrac{\pi}{2}\right)$

122A (1) $(\sqrt{2}, \sqrt{2})$　　(2) $(0, -8)$

122B (1) $(-2, 2\sqrt{3})$　　(2) $(-3, -\sqrt{3})$

123A $\left(4, \dfrac{\pi}{6}\right)$

123B $\left(4, \dfrac{2}{3}\pi\right)$

124A

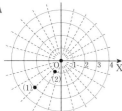

124B

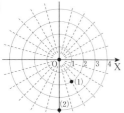

125A

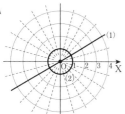

125B

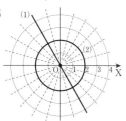

126A $r\cos\left(\theta-\dfrac{\pi}{3}\right)=1$

126B $r\cos\left(\theta-\dfrac{\pi}{2}\right)=2$

127A $r=6\cos\theta$

127B $r=2\cos\left(\theta-\dfrac{\pi}{2}\right)$

128A (1)　$r=2\cos\theta$

　　(2)　$r^2\cos2\theta=-1$

128B (1)　$r^2(3\cos^2\theta+1)=4$

　　(2)　$r^2=(r\cos\theta+3)^2$

129A (1)　$x^2+y^2-8x-8y=0$

　　(2)　$x^2+y^2-4x=0$

129B (1)　$x^2+y^2+2x-2y=0$

　　(2)　$x^2+y^2+6y=0$

130A $y^2=x+\dfrac{1}{4}$

130B $x^2=-3y+\dfrac{9}{4}$

演習問題

131 $\left(-\dfrac{8}{3},\ -\dfrac{2}{3}\right)$

132 $y=\dfrac{1}{2}x+2$

133 双曲線 $x^2-\dfrac{y^2}{3}=1$

ラウンドノート数学C

● 編　者　実教出版編修部

● 発行者　小田　良次

● 印刷所　寿印刷株式会社

● 発行所　実教出版株式会社

〒102-8377
東京都千代田区五番町5
電話＜営業＞（03）3238-7777
　　＜編修＞（03）3238-7785
　　＜総務＞（03）3238-7700
https://www.jikkyo.co.jp/

002402023　　　　　　　ISBN 978-4-407-35682-3

ラウンドノート数学C 解答編

実教出版

1章 ベクトル

1節 平面上のベクトル

1 ベクトルとその意味　　p.2

1A (1) $\overrightarrow{CB}$
　　(2) $\overrightarrow{DC}$, $\overrightarrow{AB}$

1B (1) $\overrightarrow{AD}$
　　(2) $\overrightarrow{BA}$, $\overrightarrow{CD}$

2A (1) $\vec{a}$ と $\vec{f}$, $\vec{c}$ と $\vec{e}$
　　(2) $\vec{b}$ と $\vec{d}$

2B (1) $\vec{a}$ と $\vec{e}$
　　(2) $\vec{b}$ と $\vec{f}$, $\vec{c}$ と $\vec{d}$

2 ベクトルの演算　　p.3

3A (1)

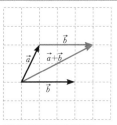

(2)

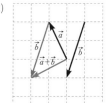

3B (1)

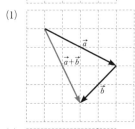

(2)

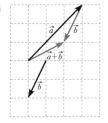

4A (1)

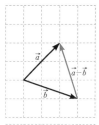

(2)

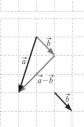

4B (1)

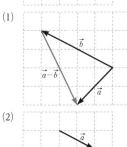

(2)

5A

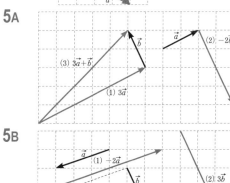

5B

— 1 —

6A
(1) $2\vec{a}+3\vec{a}-4\vec{a}$
$=(2+3-4)\vec{a}$
$=\vec{a}$
(2) $3\vec{a}-8\vec{b}-\vec{a}+4\vec{b}$
$=(3-1)\vec{a}+(-8+4)\vec{b}$
$=\boldsymbol{2\vec{a}-4\vec{b}}$
(3) $3(\vec{a}-4\vec{b})+2(2\vec{a}+3\vec{b})$
$=3\vec{a}-12\vec{b}+4\vec{a}+6\vec{b}$
$=(3+4)\vec{a}+(-12+6)\vec{b}$
$=\boldsymbol{7\vec{a}-6\vec{b}}$
(4) $5(\vec{a}-\vec{b})-2(\vec{a}-5\vec{b})$
$=5\vec{a}-5\vec{b}-2\vec{a}+10\vec{b}$
$=(5-2)\vec{a}+(-5+10)\vec{b}$
$=\boldsymbol{3\vec{a}+5\vec{b}}$

6B
(1) $3\vec{b}+2\vec{b}-6\vec{b}$
$=(3+2-6)\vec{b}$
$=\boldsymbol{-\vec{b}}$
(2) $2\vec{a}+5\vec{b}-4\vec{a}-3\vec{b}$
$=(2-4)\vec{a}+(5-3)\vec{b}$
$=\boldsymbol{-2\vec{a}+2\vec{b}}$
(3) $2(2\vec{a}+\vec{b})+3(\vec{a}-2\vec{b})$
$=4\vec{a}+2\vec{b}+3\vec{a}-6\vec{b}$
$=(4+3)\vec{a}+(2-6)\vec{b}$
$=\boldsymbol{7\vec{a}-4\vec{b}}$
(4) $4(-\vec{a}+2\vec{b})-3(\vec{a}-3\vec{b})$
$=-4\vec{a}+8\vec{b}-3\vec{a}+9\vec{b}$
$=(-4-3)\vec{a}+(8+9)\vec{b}$
$=\boldsymbol{-7\vec{a}+17\vec{b}}$

7A $\vec{b}=2\vec{a},\ \ \vec{c}=\dfrac{1}{2}\vec{a},\ \ \vec{d}=-\dfrac{2}{3}\vec{a}$

7B $\vec{b}=-2\vec{a},\ \ \vec{c}=\dfrac{1}{3}\vec{a},\ \ \vec{d}=3\vec{a}$

8A
(1) $\overrightarrow{AC}=\overrightarrow{AB}+\overrightarrow{BC}$
$=\boldsymbol{\vec{a}+\vec{b}}$
(2) $\overrightarrow{AF}=\overrightarrow{AO}+\overrightarrow{OF}$
$=\overrightarrow{BC}-\overrightarrow{AB}$
$=\boldsymbol{\vec{b}-\vec{a}}$
(3) $\overrightarrow{BD}=\overrightarrow{BC}+\overrightarrow{CD}$
$=\overrightarrow{BC}+\overrightarrow{AF}$
$=\vec{b}+(\vec{b}-\vec{a})$
$=\boldsymbol{2\vec{b}-\vec{a}}$

8B
(1) $\overrightarrow{EB}=2\overrightarrow{FA}=\boldsymbol{-2\vec{a}}$
(2) $\overrightarrow{CO}=\overrightarrow{CD}+\overrightarrow{DO}$
$=\overrightarrow{AF}-\overrightarrow{FE}$
$=\boldsymbol{\vec{a}-\vec{b}}$
(3) $\overrightarrow{CE}=\overrightarrow{CD}+\overrightarrow{DE}$
$=\overrightarrow{AF}+\overrightarrow{CO}$
$=\vec{a}+(\vec{a}-\vec{b})$
$=\boldsymbol{2\vec{a}-\vec{b}}$

9A
(1) $\boldsymbol{x=-4,\ y=3}$
(2) $2x-4=0,\ x-2y=0$
より $\boldsymbol{x=2,\ y=1}$
(3) $4x+y=1,\ x-2y=7$
より $\boldsymbol{x=1,\ y=-3}$

9B
(1) $2x-5=1,\ 4-3y=-2$
より $\boldsymbol{x=3,\ y=2}$
(2) $x-1=-3,\ 3=y+1$
より $\boldsymbol{x=-2,\ y=2}$
(3) $2x+y=0,\ x-y+1=0$
より $\boldsymbol{x=-\dfrac{1}{3},\ y=\dfrac{2}{3}}$

3　ベクトルの成分　　　　p.8

10A $\vec{a}=(1,\ 2),\ |\vec{a}|=\sqrt{1^2+2^2}=\sqrt{5}$
$\vec{b}=(-1,\ 3),\ |\vec{b}|=\sqrt{(-1)^2+3^2}=\sqrt{10}$
$\vec{c}=(-3,\ 2),\ |\vec{c}|=\sqrt{(-3)^2+2^2}=\sqrt{13}$
$\vec{d}=(-2,\ -4),\ |\vec{d}|=\sqrt{(-2)^2+(-4)^2}$
$\qquad\qquad\qquad\quad=\sqrt{20}=2\sqrt{5}$
$\vec{e}=(2,\ 3),\ |\vec{e}|=\sqrt{2^2+3^2}=\sqrt{13}$

10B $\vec{a}=(2,\ 1),\ |\vec{a}|=\sqrt{2^2+1^2}=\sqrt{5}$
$\vec{b}=(-3,\ 1),\ |\vec{b}|=\sqrt{(-3)^2+1^2}=\sqrt{10}$
$\vec{c}=(2,\ -3),\ |\vec{c}|=\sqrt{2^2+(-3)^2}=\sqrt{13}$
$\vec{d}=(-1,\ -3),\ |\vec{d}|=\sqrt{(-1)^2+(-3)^2}=\sqrt{10}$
$\vec{e}=(2,\ 0),\ |\vec{e}|=\sqrt{2^2+0^2}=\sqrt{4}=2$

11A
(1) $3\vec{a}=3(-3,\ 1)=\boldsymbol{(-9,\ 3)}$
(2) $\vec{a}+2\vec{b}=(-3,\ 1)+2(4,\ 2)$
$=(-3,\ 1)+(8,\ 4)$
$=\boldsymbol{(5,\ 5)}$
(3) $2(\vec{a}-\vec{b})+3(\vec{a}+\vec{b})$
$=2\vec{a}-2\vec{b}+3\vec{a}+3\vec{b}$
$=5\vec{a}+\vec{b}$
$=5(-3,\ 1)+(4,\ 2)$
$=(-15,\ 5)+(4,\ 2)$
$=\boldsymbol{(-11,\ 7)}$

11B
(1) $-2\vec{b}=-2(-3,\ -2)=\boldsymbol{(6,\ 4)}$
(2) $2\vec{b}-3\vec{a}=2(-3,\ -2)-3(2,\ -1)$
$=(-6,\ -4)-(6,\ -3)$
$=\boldsymbol{(-12,\ -1)}$
(3) $2(3\vec{a}+4\vec{b})-5(\vec{a}+2\vec{b})$
$=6\vec{a}+8\vec{b}-5\vec{a}-10\vec{b}$
$=\vec{a}-2\vec{b}$
$=(2,\ -1)-2(-3,\ -2)$
$=(2,\ -1)-(-6,\ -4)$
$=\boldsymbol{(8,\ 3)}$

12A $(-1,\ x)=k(-2,\ 1)$ となる実数 k があることから
$-1=-2k,\ x=k$
よって $k=\dfrac{1}{2}$ より $\boldsymbol{x=\dfrac{1}{2}}$

12B $(6, 10)=k(x, 2)$ となる実数 k があることから
$$6=kx, \quad 10=2k$$
よって $k=5$
より $x=\dfrac{6}{5}$

13A 求めるベクトルを $\vec{p}$ とすると，$\vec{a} /\!/ \vec{p}$ より，
$$\vec{p}=k\vec{a}=k(2, 3)=(2k, 3k)$$
となる実数 k がある。
ここで，$|\vec{p}|=3\sqrt{13}$ より
$$\sqrt{(2k)^2+(3k)^2}=3\sqrt{13}$$
両辺を 2 乗して $13k^2=9\times 13$
ゆえに，$k^2=9$ より $k=\pm 3$
$\quad k=3$ のとき $\vec{p}=(6, 9)$
$\quad k=-3$ のとき $\vec{p}=(-6, -9)$
よって，求めるベクトルは
$$(6, 9), \quad (-6, -9)$$

13B 求めるベクトルを $\vec{p}$ とすると，$\vec{a} /\!/ \vec{p}$ より，
$$\vec{p}=k\vec{a}=k(-4, 8)=(-4k, 8k)$$
となる実数 k がある。
ここで，$|\vec{p}|=2\sqrt{5}$ より
$$\sqrt{(-4k)^2+(8k)^2}=2\sqrt{5}$$
両辺を 2 乗して $80k^2=20$
ゆえに，$k^2=\dfrac{1}{4}$ より $k=\pm\dfrac{1}{2}$
$\quad k=\dfrac{1}{2}$ のとき $\vec{p}=(-2, 4)$
$\quad k=-\dfrac{1}{2}$ のとき $\vec{p}=(2, -4)$
よって，求めるベクトルは
$$(-2, 4), \quad (2, -4)$$

14A $\vec{p}=m\vec{a}+n\vec{b}$ とおくと
$$(-7, 7)=m(2, 1)+n(-1, 3)$$
$$=(2m-n, \ m+3n)$$
よって
$$\begin{cases} 2m-n=-7 \\ m+3n=7 \end{cases}$$
これを解いて
$$m=-2, \quad n=3$$
したがって
$$\vec{p}=-2\vec{a}+3\vec{b}$$

14B $\vec{p}=m\vec{a}+n\vec{b}$ とおくと
$$(-3, 4)=m(-3, 2)+n(2, -1)$$
$$=(-3m+2n, \ 2m-n)$$
よって
$$\begin{cases} -3m+2n=-3 \\ 2m-n=4 \end{cases}$$
これを解いて
$$m=5, \quad n=6$$
したがって
$$\vec{p}=5\vec{a}+6\vec{b}$$

15A $\overrightarrow{AB}=(-1-2, \ 5-0)=(-3, 5)$
$|\overrightarrow{AB}|=\sqrt{(-3)^2+5^2}=\sqrt{34}$
$\overrightarrow{BC}=(-3-(-1), \ 2-5)=(-2, -3)$
$|\overrightarrow{BC}|=\sqrt{(-2)^2+(-3)^2}=\sqrt{13}$
$\overrightarrow{CA}=(2-(-3), \ 0-2)=(5, -2)$
$|\overrightarrow{CA}|=\sqrt{5^2+(-2)^2}=\sqrt{29}$

15B $\overrightarrow{AB}=(2-(-5), \ -2-3)=(7, -5)$
$|\overrightarrow{AB}|=\sqrt{7^2+(-5)^2}=\sqrt{74}$
$\overrightarrow{BC}=(1-2, \ 4-(-2))=(-1, 6)$
$|\overrightarrow{BC}|=\sqrt{(-1)^2+6^2}=\sqrt{37}$
$\overrightarrow{CA}=(-5-1, \ 3-4)=(-6, -1)$
$|\overrightarrow{CA}|=\sqrt{(-6)^2+(-1)^2}=\sqrt{37}$

16A 四角形 ABCD が平行四辺形となるのは，
AD$/\!/$BC かつ AD=BC，すなわち $\overrightarrow{AD}=\overrightarrow{BC}$
のときである。
$$\overrightarrow{AD}=(x-2, \ y-1)$$
$$\overrightarrow{BC}=(0-4, \ 4-5)=(-4, -1)$$
より $(x-2, \ y-1)=(-4, -1)$
よって $x-2=-4, \ y-1=-1$
したがって $x=-2, \ y=0$

16B 四角形 ABCD が平行四辺形となるのは，
AD$/\!/$BC かつ AD=BC，すなわち $\overrightarrow{AD}=\overrightarrow{BC}$
のときである。
$$\overrightarrow{AD}=(3-(-2), \ -1-y)=(5, \ -1-y)$$
$$\overrightarrow{BC}=(2-x, \ -4-(-2))=(2-x, \ -2)$$
より $(5, \ -1-y)=(2-x, \ -2)$
よって $5=2-x, \ -1-y=-2$
したがって $x=-3, \ y=1$

4 ベクトルの内積　　　p.13

17A $\vec{a}\cdot\vec{b}=2\times\sqrt{2}\times\cos 45°$
$$=2\times\sqrt{2}\times\dfrac{1}{\sqrt{2}}$$
$$=2$$

17B $\vec{a}\cdot\vec{b}=1\times 5\times\cos 150°$
$$=1\times 5\times\left(-\dfrac{\sqrt{3}}{2}\right)$$
$$=-\dfrac{5\sqrt{3}}{2}$$

18A (1) $\overrightarrow{CA}\cdot\overrightarrow{CB}=\sqrt{6}\times(1+\sqrt{3})\times\cos 45°$
$$=\sqrt{6}\times(1+\sqrt{3})\times\dfrac{1}{\sqrt{2}}$$
$$=\sqrt{3}\,(1+\sqrt{3})$$
$$=\sqrt{3}+3$$
(2) $\overrightarrow{AB}$ と $\overrightarrow{BC}$ のなす角は $120°$ であるから
$$\overrightarrow{AB}\cdot\overrightarrow{BC}=2\times(1+\sqrt{3})\times\cos 120°$$
$$=2\times(1+\sqrt{3})\times\left(-\dfrac{1}{2}\right)$$
$$=-1-\sqrt{3}$$

18B (1) $\overrightarrow{BA}\cdot\overrightarrow{BC}=1\times 1\times\cos 90°$

$$=1\times1\times0$$
$$=\boldsymbol{0}$$

(2) $\overrightarrow{AC}$ と $\overrightarrow{BA}$ のなす角は $135°$ であるから

$$\overrightarrow{AC}\cdot\overrightarrow{BA}=\sqrt{2}\times1\times\cos135°$$
$$=\sqrt{2}\times1\times\left(-\frac{1}{\sqrt{2}}\right)$$
$$=\boldsymbol{-1}$$

19A
(1) $\vec{a}\cdot\vec{b}=4\times3+(-3)\times2=\boldsymbol{6}$
(2) $\vec{a}\cdot\vec{b}=3\times(-8)+4\times6=\boldsymbol{0}$
(3) $\vec{a}\cdot\vec{b}=2\sqrt{3}\times(-\sqrt{3})+(-2)\times(-4)=\boldsymbol{2}$
(4) $\vec{a}\cdot\vec{b}=\frac{1}{2}\times(-4)+3\times1=\boldsymbol{1}$

19B
(1) $\vec{a}\cdot\vec{b}=1\times5+(-3)\times(-6)=\boldsymbol{23}$
(2) $\vec{a}\cdot\vec{b}=3\times(-6)+(-2)\times9=\boldsymbol{-36}$
(3) $\vec{a}\cdot\vec{b}=1\times\sqrt{2}+(-\sqrt{2})\times(-3)=\boldsymbol{4\sqrt{2}}$
(4) $\vec{a}\cdot\vec{b}=(-1)\times3+6\times\left(-\frac{2}{3}\right)=\boldsymbol{-7}$

20A
(1) $\vec{a}\cdot\vec{b}=3\times(-1)+(-1)\times2=-5$
$|\vec{a}|=\sqrt{3^2+(-1)^2}=\sqrt{10}$
$|\vec{b}|=\sqrt{(-1)^2+2^2}=\sqrt{5}$
よって $\cos\theta=\dfrac{\vec{a}\cdot\vec{b}}{|\vec{a}||\vec{b}|}$
$$=\frac{-5}{\sqrt{10}\times\sqrt{5}}=-\frac{1}{\sqrt{2}}$$
したがって, $0°\leqq\theta\leqq180°$ より $\boldsymbol{\theta=135°}$

(2) $\vec{a}\cdot\vec{b}=\sqrt{3}\times\sqrt{3}+3\times1=6$
$|\vec{a}|=\sqrt{(\sqrt{3})^2+3^2}=2\sqrt{3}$
$|\vec{b}|=\sqrt{(\sqrt{3})^2+1^2}=2$
よって $\cos\theta=\dfrac{\vec{a}\cdot\vec{b}}{|\vec{a}||\vec{b}|}$
$$=\frac{6}{2\sqrt{3}\times2}=\frac{\sqrt{3}}{2}$$
したがって, $0°\leqq\theta\leqq180°$ より $\boldsymbol{\theta=30°}$

20B
(1) $\vec{a}\cdot\vec{b}=3\times(-6)+2\times9=0$
$|\vec{a}|=\sqrt{3^2+2^2}=\sqrt{13}$
$|\vec{b}|=\sqrt{(-6)^2+9^2}=3\sqrt{13}$
よって $\cos\theta=\dfrac{\vec{a}\cdot\vec{b}}{|\vec{a}||\vec{b}|}$
$$=\frac{0}{\sqrt{13}\times3\sqrt{13}}=0$$
したがって, $0°\leqq\theta\leqq180°$ より $\boldsymbol{\theta=90°}$

(2) $\vec{a}\cdot\vec{b}=-\sqrt{3}\times1+1\times(-\sqrt{3})=-2\sqrt{3}$
$|\vec{a}|=\sqrt{(-\sqrt{3})^2+1^2}=2$
$|\vec{b}|=\sqrt{1^2+(-\sqrt{3})^2}=2$
よって $\cos\theta=\dfrac{\vec{a}\cdot\vec{b}}{|\vec{a}||\vec{b}|}$
$$=\frac{-2\sqrt{3}}{2\times2}=-\frac{\sqrt{3}}{2}$$
したがって, $0°\leqq\theta\leqq180°$ より $\boldsymbol{\theta=150°}$

21A
(1) $\vec{a}\cdot\vec{b}=6\times x+(-1)\times4=0$
よって $\boldsymbol{x=\dfrac{2}{3}}$

(2) $\vec{a}\cdot\vec{b}=-2\times(x+3)+x\times4=0$
よって $\boldsymbol{x=3}$

21B
(1) $\vec{a}\cdot\vec{b}=5\times(-3)+x\times(-3)=0$
よって $\boldsymbol{x=-5}$
(2) $\vec{a}\cdot\vec{b}=x\times5+3\times(x-6)=0$
よって $\boldsymbol{x=\dfrac{9}{4}}$

22A 求めるベクトルを $\vec{p}=(x,\ y)$ とする。
$\vec{a}\perp\vec{p}$ より $\vec{a}\cdot\vec{p}=0$
ゆえに $5x+\sqrt{2}\,y=0$ ……①
また, $|\vec{p}|=9$ より
$\sqrt{x^2+y^2}=9$
両辺を2乗して
$x^2+y^2=81$ ……②
ここで, ①より $y=-\dfrac{5}{\sqrt{2}}x$ ……③
②に代入して
$$x^2+\left(-\frac{5}{\sqrt{2}}x\right)^2=81$$
$$x^2+\frac{25}{2}x^2=81$$
$$2x^2+25x^2=162$$
$$27x^2=162$$
$$x^2=6$$
よって $x=\pm\sqrt{6}$
③より $x=\sqrt{6}$ のとき $y=-5\sqrt{3}$
$x=-\sqrt{6}$ のとき $y=5\sqrt{3}$
したがって, 求めるベクトルは
$$\boldsymbol{(\sqrt{6},\ -5\sqrt{3}),\ (-\sqrt{6},\ 5\sqrt{3})}$$

22B 求めるベクトルを $\vec{p}=(x,\ y)$ とする。
$\vec{a}\perp\vec{p}$ より $\vec{a}\cdot\vec{p}=0$
ゆえに $4x-3y=0$ ……①
また, $|\vec{p}|=1$ より $\sqrt{x^2+y^2}=1$
両辺を2乗して
$x^2+y^2=1$ ……②
ここで, ①より $y=\dfrac{4}{3}x$ ……③
②に代入して
$$x^2+\left(\frac{4}{3}x\right)^2=1$$
$$x^2+\frac{16}{9}x^2=1$$
$$9x^2+16x^2=9$$
$$25x^2=9$$
$$x^2=\frac{9}{25}$$
よって $x=\pm\dfrac{3}{5}$
③より $x=\dfrac{3}{5}$ のとき $y=\dfrac{4}{5}$
$x=-\dfrac{3}{5}$ のとき $y=-\dfrac{4}{5}$
したがって, 求めるベクトルは

$$\left(\frac{3}{5},\ \frac{4}{5}\right),\ \left(-\frac{3}{5},\ -\frac{4}{5}\right)$$

23A
$$(\vec{a}+2\vec{b})\cdot(\vec{a}-2\vec{b})$$
$$=\vec{a}\cdot(\vec{a}-2\vec{b})+2\vec{b}\cdot(\vec{a}-2\vec{b})$$
$$=\vec{a}\cdot\vec{a}-2\vec{a}\cdot\vec{b}+2\vec{b}\cdot\vec{a}-4\vec{b}\cdot\vec{b}$$
$$=\vec{a}\cdot\vec{a}-4\vec{b}\cdot\vec{b}$$
$$=|\vec{a}|^2-4|\vec{b}|^2$$
よって $(\vec{a}+2\vec{b})\cdot(\vec{a}-2\vec{b})=|\vec{a}|^2-4|\vec{b}|^2$

23B
$$|3\vec{a}+2\vec{b}|^2$$
$$=(3\vec{a}+2\vec{b})\cdot(3\vec{a}+2\vec{b})$$
$$=9\vec{a}\cdot\vec{a}+6\vec{a}\cdot\vec{b}+6\vec{b}\cdot\vec{a}+4\vec{b}\cdot\vec{b}$$
$$=9|\vec{a}|^2+12\vec{a}\cdot\vec{b}+4|\vec{b}|^2$$
よって $|3\vec{a}+2\vec{b}|^2=9|\vec{a}|^2+12\vec{a}\cdot\vec{b}+4|\vec{b}|^2$

24A
(1) $|\vec{a}-\vec{b}|^2=(\vec{a}-\vec{b})\cdot(\vec{a}-\vec{b})$
$$=\vec{a}\cdot\vec{a}-\vec{a}\cdot\vec{b}-\vec{b}\cdot\vec{a}+\vec{b}\cdot\vec{b}$$
$$=|\vec{a}|^2-2\vec{a}\cdot\vec{b}+|\vec{b}|^2$$
$$=3^2-2\times2+1^2$$
$$=6$$
ここで, $|\vec{a}-\vec{b}|\geqq0$ であるから
$$|\vec{a}-\vec{b}|=\sqrt{6}$$

(2) $|\vec{a}+3\vec{b}|^2=(\vec{a}+3\vec{b})\cdot(\vec{a}+3\vec{b})$
$$=\vec{a}\cdot\vec{a}+3\vec{a}\cdot\vec{b}+3\vec{b}\cdot\vec{a}+9\vec{b}\cdot\vec{b}$$
$$=|\vec{a}|^2+6\vec{a}\cdot\vec{b}+9|\vec{b}|^2$$
$$=3^2+6\times2+9\times1^2$$
$$=30$$
ここで, $|\vec{a}+3\vec{b}|\geqq0$ であるから
$$|\vec{a}+3\vec{b}|=\sqrt{30}$$

24B
(1) $|\vec{a}+\vec{b}|^2=(\vec{a}+\vec{b})\cdot(\vec{a}+\vec{b})$
$$=\vec{a}\cdot\vec{a}+\vec{a}\cdot\vec{b}+\vec{b}\cdot\vec{a}+\vec{b}\cdot\vec{b}$$
$$=|\vec{a}|^2+2\vec{a}\cdot\vec{b}+|b|^2$$
$$=1^2+2\times(-2)+4^2$$
$$=13$$
ここで, $|\vec{a}+\vec{b}|\geqq0$ であるから
$$|\vec{a}+\vec{b}|=\sqrt{13}$$

(2) $|3\vec{a}-2\vec{b}|^2=(3\vec{a}-2\vec{b})\cdot(3\vec{a}-2\vec{b})$
$$=9\vec{a}\cdot\vec{a}-6\vec{a}\cdot\vec{b}-6\vec{b}\cdot\vec{a}+4\vec{b}\cdot\vec{b}$$
$$=9|\vec{a}|^2-12\vec{a}\cdot\vec{b}+4|b|^2$$
$$=9\times1^2-12\times(-2)+4\times4^2$$
$$=97$$
ここで, $|3\vec{a}-2\vec{b}|\geqq0$ であるから
$$|3\vec{a}-2\vec{b}|=\sqrt{97}$$

5 三角形の面積 p.20

25A
(1) $\overrightarrow{OA}=(4,\ 1),\ \overrightarrow{OB}=(2,\ 3)$ より
$$S=\frac{1}{2}|4\times3-1\times2|=\mathbf{5}$$

(2) $\overrightarrow{AB}=(-1,\ 4),\ \overrightarrow{AC}=(-3,\ -3)$ より
$$S=\frac{1}{2}|-1\times(-3)-4\times(-3)|=\frac{\mathbf{15}}{\mathbf{2}}$$

25B
(1) $\overrightarrow{OA}=(3,\ -1),\ \overrightarrow{OB}=(4,\ 3)$ より
$$S=\frac{1}{2}|3\times3-(-1)\times4|=\frac{\mathbf{13}}{\mathbf{2}}$$

(2) $\overrightarrow{AB}=(3,\ -2),\ \overrightarrow{AC}=(-2,\ -4)$ より
$$S=\frac{1}{2}|3\times(-4)-(-2)\times(-2)|=\mathbf{8}$$

2節　ベクトルの応用

6 位置ベクトル p.21

26A
$$\vec{p}=\frac{4\vec{a}+3\vec{b}}{3+4}=\frac{4\vec{a}+3\vec{b}}{7}$$
$$\vec{q}=\frac{-2\vec{a}+5\vec{b}}{5-2}=\frac{-2\vec{a}+5\vec{b}}{3}$$

26B
$$\vec{p}=\frac{2\vec{a}+3\vec{b}}{3+2}=\frac{2\vec{a}+3\vec{b}}{5}$$
$$\vec{q}=\frac{-5\vec{a}+4\vec{b}}{4-5}$$
$$=5\vec{a}-4\vec{b}$$

27A
(1) $\vec{l}=\dfrac{2\vec{b}+3\vec{c}}{3+2}=\dfrac{2\vec{b}+3\vec{c}}{5}$
$$\vec{m}=\frac{2\vec{c}+3\vec{a}}{3+2}=\frac{2\vec{c}+3\vec{a}}{5}$$
$$\vec{n}=\frac{2\vec{a}+3\vec{b}}{3+2}=\frac{2\vec{a}+3\vec{b}}{5}$$

(2) $\vec{g}=\dfrac{\vec{l}+\vec{m}+\vec{n}}{3}$
$$=\frac{\frac{2\vec{b}+3\vec{c}}{5}+\frac{2\vec{c}+3\vec{a}}{5}+\frac{2\vec{a}+3\vec{b}}{5}}{3}$$
$$=\frac{\frac{5\vec{a}+5\vec{b}+5\vec{c}}{5}}{3}=\frac{\vec{a}+\vec{b}+\vec{c}}{3}$$

27B
(1) $\vec{l}=\dfrac{4\vec{b}+3\vec{c}}{3+4}=\dfrac{4\vec{b}+3\vec{c}}{7}$
$$\vec{m}=\frac{4\vec{c}+3\vec{a}}{3+4}=\frac{4\vec{c}+3\vec{a}}{7}$$
$$\vec{n}=\frac{4\vec{a}+3\vec{b}}{3+4}=\frac{4\vec{a}+3\vec{b}}{7}$$

(2) $\vec{g}=\dfrac{\vec{l}+\vec{m}+\vec{n}}{3}$
$$=\frac{\frac{4\vec{b}+3\vec{c}}{7}+\frac{4\vec{c}+3\vec{a}}{7}+\frac{4\vec{a}+3\vec{b}}{7}}{3}$$
$$=\frac{\frac{7\vec{a}+7\vec{b}+7\vec{c}}{7}}{3}=\frac{\vec{a}+\vec{b}+\vec{c}}{3}$$

7 ベクトルの図形への応用 p.23

28A
(1) $\overrightarrow{AP}=\vec{p},\ \overrightarrow{AQ}=\vec{q},\ \overrightarrow{AR}=\vec{r}$ として, これらを $\vec{b},\ \vec{d}$ で表すと
$$\vec{p}=\frac{2}{3}\vec{b},\ \vec{q}=\frac{1}{4}\overrightarrow{AC}=\frac{1}{4}(\vec{b}+\vec{d}),\ \vec{r}=\frac{2}{5}\vec{d}$$
よって
$$\overrightarrow{PQ}=\vec{q}-\vec{p}=\frac{1}{4}(\vec{b}+\vec{d})-\frac{2}{3}\vec{b}$$
$$=\frac{-5\vec{b}+3\vec{d}}{12}$$
$$\overrightarrow{PR}=\vec{r}-\vec{p}=\frac{2}{5}\vec{d}-\frac{2}{3}\vec{b}$$

$$=\frac{-10\vec{b}+6\vec{d}}{15}$$

(2) (1)より

$$\overrightarrow{PR}=\frac{2(-5\vec{b}+3\vec{d})}{15}=\frac{8}{5}\times\frac{-5\vec{b}+3\vec{d}}{12}=\frac{8}{5}\overrightarrow{PQ}$$

したがって，3点 P，Q，R は一直線上にある。

28B (1) $\overrightarrow{AP}=\vec{p}$，$\overrightarrow{AQ}=\vec{q}$，$\overrightarrow{AR}=\vec{r}$ として，これらを $\vec{b}$，$\vec{d}$ で表すと

$$\vec{p}=\frac{1}{3}\vec{b},\quad \vec{q}=\frac{2}{9}\overrightarrow{AC}=\frac{2}{9}(\vec{b}+\vec{d}),\quad \vec{r}=\frac{2}{3}\vec{d}$$

よって

$$\overrightarrow{PQ}=\vec{q}-\vec{p}=\frac{2}{9}(\vec{b}+\vec{d})-\frac{1}{3}\vec{b}$$

$$=\frac{-\vec{b}+2\vec{d}}{9}$$

$$\overrightarrow{PR}=\vec{r}-\vec{p}=\frac{2}{3}\vec{d}-\frac{1}{3}\vec{b}$$

$$=\frac{-\vec{b}+2\vec{d}}{3}$$

(2) (1)より $\overrightarrow{PR}=3\times\frac{-\vec{b}+2\vec{d}}{9}=3\overrightarrow{PQ}$

したがって，3点 P，Q，R は一直線上にある。

29 $AP:PM=s:(1-s)$

とすると $\overrightarrow{OM}=\frac{1}{3}\vec{b}$ より

$$\overrightarrow{OP}=(1-s)\vec{a}+\frac{1}{3}s\vec{b}\quad\cdots\cdots①$$

$BP:PL=t:(1-t)$

とすると $\overrightarrow{OL}=\frac{1}{2}\vec{a}$ より

$$\overrightarrow{OP}=\frac{1}{2}t\vec{a}+(1-t)\vec{b}\quad\cdots\cdots②$$

①，②より

$$(1-s)\vec{a}+\frac{1}{3}s\vec{b}=\frac{1}{2}t\vec{a}+(1-t)\vec{b}$$

$\vec{a}\neq0$，$\vec{b}\neq0$ で $\vec{a}$，$\vec{b}$ は平行でないから

$$1-s=\frac{1}{2}t,\quad \frac{1}{3}s=1-t$$

これを解いて $s=\frac{3}{5}$，$t=\frac{4}{5}$

よって $\overrightarrow{OP}=\frac{2}{5}\vec{a}+\frac{1}{5}\vec{b}$

30 $\overrightarrow{AB}=\vec{b}$，$\overrightarrow{AC}=\vec{c}$ とすると

$\angle BAC=90°$ より $\vec{b}\cdot\vec{c}=0\quad\cdots\cdots①$

$$\overrightarrow{AP}=\frac{\vec{b}+2\vec{c}}{3}$$

$$=\frac{1}{3}\vec{b}+\frac{2}{3}\vec{c}$$

$$\overrightarrow{BQ}=\overrightarrow{BA}+\overrightarrow{AQ}$$

$$=-\overrightarrow{AB}+\frac{1}{2}\overrightarrow{AC}$$

$$=-\vec{b}+\frac{1}{2}\vec{c}$$

$\overrightarrow{AP}\perp\overrightarrow{BQ}$ ならば $\overrightarrow{AP}\cdot\overrightarrow{BQ}=0$ より

$$\left(\frac{1}{3}\vec{b}+\frac{2}{3}\vec{c}\right)\cdot\left(-\vec{b}+\frac{1}{2}\vec{c}\right)=0$$

$$-\frac{1}{3}|\vec{b}|^2-\frac{1}{2}\vec{b}\cdot\vec{c}+\frac{1}{3}|\vec{c}|^2=0$$

①より

$$-\frac{1}{3}|\vec{b}|^2+\frac{1}{3}|\vec{c}|^2=0$$

$$|\vec{b}|^2=|\vec{c}|^2$$

ゆえに，$|\vec{b}|=|\vec{c}|$ であるから $|\overrightarrow{AB}|=|\overrightarrow{AC}|$

よって $AB=AC$

したがって，$AP\perp BQ$ ならば $AB=AC$ となる。

8 ベクトル方程式　p.26

31A
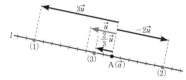

31B
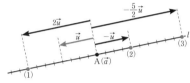

32A 求める直線上の点を $(x,\ y)$ とすると
$(x,\ y)=(2,\ 3)+t(-1,\ 2)$ より

$$\begin{cases}x=2-t\\y=3+2t\end{cases}$$

また，t を消去して得られる直線の方程式は

$$y-3=2(2-x)$$

すなわち $y=-2x+7$

32B 求める直線上の点を $(x,\ y)$ とすると
$(x,\ y)=(5,\ 0)+t(3,\ -4)$ より

$$\begin{cases}x=5+3t\\y=-4t\end{cases}$$

また，t を消去して得られる直線の方程式は

$$y=-4\left(\frac{1}{3}x-\frac{5}{3}\right)$$

すなわち $y=-\frac{4}{3}x+\frac{20}{3}$

33A

33B
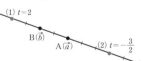

34A 求める直線上の点を $(x,\ y)$ とすると
(1) $(x,\ y)=(1-t)(2,\ 3)+t(4,\ 7)$
$\qquad\quad=(2-2t,\ 3-3t)+(4t,\ 7t)$
$\qquad\quad=(2+2t,\ 3+4t)$

よって $\begin{cases}x=2+2t\\y=3+4t\end{cases}$

(2) $(x,\ y)=(1-t)(-3,\ 2)+t(4,\ -1)$
$\qquad\quad=(-3+3t,\ 2-2t)+(4t,\ -t)$

$=(-3+7t,\ 2-3t)$

よって $\begin{cases} x=-3+7t \\ y=2-3t \end{cases}$

34B 求める直線上の点を $(x,\ y)$ とすると

(1) $(x,\ y)=(1-t)(5,\ 3)+t(2,\ 4)$

$=(5-5t,\ 3-3t)+(2t,\ 4t)$

$=(5-3t,\ 3+t)$

よって $\begin{cases} x=5-3t \\ y=3+t \end{cases}$

(2) $(x,\ y)=(1-t)(-6,\ -2)+t(-3,\ 1)$

$=(-6+6t,\ -2+2t)+(-3t,\ t)$

$=(-6+3t,\ -2+3t)$

よって $\begin{cases} x=-6+3t \\ y=-2+3t \end{cases}$

35 $s+t=\dfrac{1}{2}$ より $2s+2t=1$

ここで $2s=s',\ 2t=t'$ とおくと $s'+t'=1$

よって

$\overrightarrow{\mathrm{OP}}=s\overrightarrow{\mathrm{OA}}+t\overrightarrow{\mathrm{OB}}$

$=2s\left(\dfrac{1}{2}\overrightarrow{\mathrm{OA}}\right)+2t\left(\dfrac{1}{2}\overrightarrow{\mathrm{OB}}\right)$

$=s'\left(\dfrac{1}{2}\overrightarrow{\mathrm{OA}}\right)+t'\left(\dfrac{1}{2}\overrightarrow{\mathrm{OB}}\right)$

$\overrightarrow{\mathrm{OA'}}=\dfrac{1}{2}\overrightarrow{\mathrm{OA}},\ \overrightarrow{\mathrm{OB'}}=\dfrac{1}{2}\overrightarrow{\mathrm{OB}}$ を満たす点 A′, B′ を

とると

$\overrightarrow{\mathrm{OP}}=s'\overrightarrow{\mathrm{OA'}}+t'\overrightarrow{\mathrm{OB'}},\ s'+t'=1$

したがって，点Pの存在範囲は下の図の直線 A′B′

である。

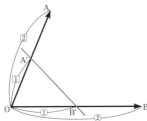

36A (1) 求める直線上の点を $(x,\ y)$ とすると

$3(x-2)+2(y-4)=0$ より

$3x+2y-14=0$

(2) $\vec{n}=(3,\ -4)$

36B (1) 求める直線上の点を $(x,\ y)$ とすると

$4\{x-(-2)\}-3(y-1)=0$ より

$4x-3y+11=0$

(2) $\vec{n}=(1,\ 5)$

37A 中心の位置ベクトル $-\vec{a}$

半径 4

37B $|3\vec{p}-\vec{a}|=27$ より $3\left|\vec{p}-\dfrac{1}{3}\vec{a}\right|=27$

ゆえに $\left|\vec{p}-\dfrac{1}{3}\vec{a}\right|=9$

よって $|3\vec{p}-\vec{a}|=27$ は

中心の位置ベクトル $\dfrac{1}{3}\vec{a}$

半径 9

3節 空間のベクトル

9 空間の座標 p.31

38A (1) $\mathrm{Q}(4,\ 3,\ -2)$

(2) $\mathrm{R}(4,\ -3,\ 2)$

(3) $\mathrm{S}(-4,\ 3,\ -2)$

38B (1) $\mathrm{Q}(-3,\ -2,\ -4)$

(2) $\mathrm{R}(3,\ 2,\ -4)$

(3) $\mathrm{S}(-3,\ 2,\ -4)$

39A (1) $\mathrm{PQ}=\sqrt{(-2-1)^2+(5-3)^2+\{1-(-1)\}^2}$

$=\sqrt{(-3)^2+2^2+2^2}$

$=\sqrt{17}$

(2) $\mathrm{OP}=\sqrt{1^2+2^2+(-3)^2}=\sqrt{14}$

39B (1) $\mathrm{PQ}=\sqrt{(1-3)^2+\{-1-(-2)\}^2+(3-5)^2}$

$=\sqrt{(-2)^2+1^2+(-2)^2}$

$=\sqrt{9}=3$

(2) $\mathrm{OP}=\sqrt{2^2+(-5)^2+4^2}=\sqrt{45}=3\sqrt{5}$

10 空間のベクトル p.32

40A (1) $\overrightarrow{\mathrm{AD}},\ \overrightarrow{\mathrm{EH}},\ \overrightarrow{\mathrm{FG}}$

(2) $\overrightarrow{\mathrm{CA}},\ \overrightarrow{\mathrm{GE}}$

40B (1) $\overrightarrow{\mathrm{CD}},\ \overrightarrow{\mathrm{BA}},\ \overrightarrow{\mathrm{FE}}$

(2) $\overrightarrow{\mathrm{ED}},\ \overrightarrow{\mathrm{FC}}$

41A $\overrightarrow{\mathrm{AB}}=\overrightarrow{\mathrm{HG}},\ \overrightarrow{\mathrm{EH}}=\overrightarrow{\mathrm{FG}}$

よって

$\overrightarrow{\mathrm{AB}}+\overrightarrow{\mathrm{EH}}=\overrightarrow{\mathrm{HG}}+\overrightarrow{\mathrm{FG}}$

41B $\overrightarrow{\mathrm{AG}}-\overrightarrow{\mathrm{FG}}=\overrightarrow{\mathrm{AG}}+\overrightarrow{\mathrm{GF}}=\overrightarrow{\mathrm{AF}}$

また

$\overrightarrow{\mathrm{CF}}-\overrightarrow{\mathrm{GE}}=\overrightarrow{\mathrm{DE}}+\overrightarrow{\mathrm{EG}}$

$=\overrightarrow{\mathrm{DG}}$

$=\overrightarrow{\mathrm{AF}}$

よって

$\overrightarrow{\mathrm{AG}}-\overrightarrow{\mathrm{FG}}=\overrightarrow{\mathrm{CF}}-\overrightarrow{\mathrm{GE}}$

42A (1) $\overrightarrow{\mathrm{BD}}=\overrightarrow{\mathrm{BA}}+\overrightarrow{\mathrm{AD}}=-\vec{a}+\vec{b}$

(2) $\overrightarrow{\mathrm{CF}}=\overrightarrow{\mathrm{CB}}+\overrightarrow{\mathrm{BF}}=-\vec{b}+\vec{c}$

(3) $\overrightarrow{\mathrm{BH}}=\overrightarrow{\mathrm{BA}}+\overrightarrow{\mathrm{AD}}+\overrightarrow{\mathrm{DH}}=-\vec{a}+\vec{b}+\vec{c}$

42B (1) $\overrightarrow{\mathrm{DG}}=\overrightarrow{\mathrm{DC}}+\overrightarrow{\mathrm{CG}}=\vec{a}+\vec{c}$

(2) $\overrightarrow{\mathrm{EG}}=\overrightarrow{\mathrm{EF}}+\overrightarrow{\mathrm{FG}}=\vec{a}+\vec{b}$

(3) $\overrightarrow{\mathrm{FD}}=\overrightarrow{\mathrm{FE}}+\overrightarrow{\mathrm{EH}}+\overrightarrow{\mathrm{HD}}=-\vec{a}+\vec{b}-\vec{c}$

11 ベクトルの成分 p.34

43A $(2,\ -3,\ 1)=(x+1,\ -y+2,\ z-3)$ より

$\begin{cases} x+1=2 \\ -y+2=-3 \\ z-3=1 \end{cases}$

ゆえに $x=1,\ y=5,\ z=4$

43B $(-2x+y,\ x-y,\ 4)=(-4,\ 1,\ z)$ より

$$\begin{cases} -2x+y=-4 \\ x-y=1 \\ 4=z \end{cases}$$

これを解いて
$$x=3, \quad y=2, \quad z=4$$

44A (1) $|\vec{a}|=\sqrt{2^2+2^2+(-1)^2}=\sqrt{9}=\textbf{3}$

(2) $|\vec{b}|=\sqrt{(-2)^2+5^2+(-4)^2}=\sqrt{45}=\textbf{3}\sqrt{\textbf{5}}$

44B (1) $|\vec{a}|=\sqrt{(-3)^2+5^2+4^2}=\sqrt{50}=\textbf{5}\sqrt{\textbf{2}}$

(2) $|\vec{b}|=\sqrt{(-2)^2+(-7)^2+(-1)^2}=\sqrt{54}=\textbf{3}\sqrt{\textbf{6}}$

45A $\vec{a}+2\vec{b}=(2, -3, 4)+2(-2, 3, 1)$
$=(2-4, -3+6, 4+2)$
$=(\textbf{-2}, \textbf{3}, \textbf{6})$

45B $2\vec{a}-3\vec{b}=2(3, 1, -4)-3(-2, 2, -3)$
$=(6+6, 2-6, -8+9)$
$=(\textbf{12}, \textbf{-4}, \textbf{1})$

46A $\overrightarrow{AB}=(2-5, 1-(-1), 2-(-6))$
$=(\textbf{-3}, \textbf{2}, \textbf{8})$
$|\overrightarrow{AB}|=\sqrt{(-3)^2+2^2+8^2}=\sqrt{\textbf{77}}$

46B $\overrightarrow{AB}=(1-3, 1-2, 1-1)$
$=(\textbf{-2}, \textbf{-1}, \textbf{0})$
$|\overrightarrow{AB}|=\sqrt{(-2)^2+(-1)^2+0^2}=\sqrt{\textbf{5}}$

12 ベクトルの内積   p.36

47A (1) $\overrightarrow{BD}\cdot\overrightarrow{FG}=2\sqrt{2}\times2\times\cos45°=\textbf{4}$

(2) $\triangle ACF$ は正三角形であるから
$\overrightarrow{AC}\cdot\overrightarrow{AF}=2\sqrt{2}\times2\sqrt{2}\times\cos60°=\textbf{4}$

47B (1) $\overrightarrow{DC}\cdot\overrightarrow{FH}=4\times4\sqrt{2}\times\cos135°=\textbf{-16}$

(2) $\triangle ACF$ は正三角形であるから
$\overrightarrow{CA}\cdot\overrightarrow{CF}=4\sqrt{2}\times4\sqrt{2}\times\cos60°=\textbf{16}$

48A (1) $\vec{a}\cdot\vec{b}=1\times5+2\times4+(-3)\times3=\textbf{4}$

(2) $\vec{a}\cdot\vec{b}=2\times3+(-4)\times0+1\times(-5)=\textbf{1}$

48B (1) $\vec{a}\cdot\vec{b}=3\times4+(-2)\times(-5)+1\times(-7)=\textbf{15}$

(2) $\vec{a}\cdot\vec{b}=6\times(-2)+(-3)\times(-2)+2\times3=\textbf{0}$

49A $\vec{a}\cdot\vec{b}=4\times2+(-1)\times1+(-1)\times(-2)=9$
$|\vec{a}|=\sqrt{4^2+(-1)^2+(-1)^2}=\sqrt{18}=3\sqrt{2}$
$|\vec{b}|=\sqrt{2^2+1^2+(-2)^2}=\sqrt{9}=3$

よって
$$\cos\theta=\frac{\vec{a}\cdot\vec{b}}{|\vec{a}||\vec{b}|}=\frac{9}{3\sqrt{2}\times3}=\frac{1}{\sqrt{2}}$$

したがって, $0°\leqq\theta\leqq180°$ より $\theta=\textbf{45°}$

49B $\vec{a}\cdot\vec{b}=1\times(-1)+(-2)\times1+2\times0=-3$
$|\vec{a}|=\sqrt{1^2+(-2)^2+2^2}=\sqrt{9}=3$
$|\vec{b}|=\sqrt{(-1)^2+1^2+0^2}=\sqrt{2}$

よって
$$\cos\theta=\frac{\vec{a}\cdot\vec{b}}{|\vec{a}||\vec{b}|}=\frac{-3}{3\times\sqrt{2}}=-\frac{1}{\sqrt{2}}$$

したがって, $0°\leqq\theta\leqq180°$ より $\theta=\textbf{135°}$

50A $\vec{a}\cdot\vec{b}=0$ より
$1\times x+2\times1+(-1)\times3=0$

よって $x=\textbf{1}$

50B $\vec{a}\cdot\vec{b}=0$ より
$3\times6+1\times(-3)+(-5)\times z=0$

よって $z=\textbf{3}$

51A 求めるベクトルを $\vec{p}=(x, y, z)$ とすると
$\vec{a}\perp\vec{p}$ より $\vec{a}\cdot\vec{p}=0$ であるから
$2x-2y+z=0$ ……①
$\vec{b}\perp\vec{p}$ より $\vec{b}\cdot\vec{p}=0$ であるから
$2x+3y-4z=0$ ……②
また, $|\vec{p}|=3$ より $\sqrt{x^2+y^2+z^2}=3$
よって $x^2+y^2+z^2=9$ ……③
②−① より $y=z$
これを①に代入して
$2x-2z+z=0$ より $z=2x$
よって $y=z=2x$ ……④
④を③に代入して $9x^2=9$ より $x=\pm1$
④より $x=1$ のとき $y=z=2$
     $x=-1$ のとき $y=z=-2$
したがって, 求めるベクトルは
$(\textbf{1}, \textbf{2}, \textbf{2}), (\textbf{-1}, \textbf{-2}, \textbf{-2})$

51B 求めるベクトルを $\vec{p}=(x, y, z)$ とすると
$\vec{a}\perp\vec{p}$ より $\vec{a}\cdot\vec{p}=0$ であるから
$2x+y-z=0$ ……①
$\vec{b}\perp\vec{p}$ より $\vec{b}\cdot\vec{p}=0$ であるから
$-x+2z=0$ ……②
また, $|\vec{p}|=1$ より $\sqrt{x^2+y^2+z^2}=1$
よって $x^2+y^2+z^2=1$ ……③
②より $x=2z$
これを①に代入して
$4z+y-z=0$ より $y=-3z$
これらを③に代入して $14z^2=1$ より $z=\pm\dfrac{1}{\sqrt{14}}$

$z=\dfrac{1}{\sqrt{14}}$ のとき $x=\dfrac{2}{\sqrt{14}}$, $y=-\dfrac{3}{\sqrt{14}}$

$z=-\dfrac{1}{\sqrt{14}}$ のとき $x=-\dfrac{2}{\sqrt{14}}$, $y=\dfrac{3}{\sqrt{14}}$

したがって, 求めるベクトルは
$\left(\dfrac{\textbf{2}}{\sqrt{\textbf{14}}}, -\dfrac{\textbf{3}}{\sqrt{\textbf{14}}}, \dfrac{\textbf{1}}{\sqrt{\textbf{14}}}\right), \left(-\dfrac{\textbf{2}}{\sqrt{\textbf{14}}}, \dfrac{\textbf{3}}{\sqrt{\textbf{14}}}, -\dfrac{\textbf{1}}{\sqrt{\textbf{14}}}\right)$

13 位置ベクトルと空間の図形   p.39

52A $\overrightarrow{OP}=\dfrac{\vec{a}+2\vec{b}}{3}$, $\overrightarrow{OM}=\dfrac{\vec{b}+\vec{c}}{2}$ より
$\overrightarrow{MP}=\overrightarrow{OP}-\overrightarrow{OM}$
$=\dfrac{\vec{a}+2\vec{b}}{3}-\dfrac{\vec{b}+\vec{c}}{2}$
$=\dfrac{\textbf{2}\vec{a}+\vec{b}-\textbf{3}\vec{c}}{\textbf{6}}$

52B $\overrightarrow{OP}=\dfrac{3}{4}\vec{c}$, $\overrightarrow{OM}=\dfrac{\vec{b}+\vec{c}}{2}$ より
$\overrightarrow{MP}=\overrightarrow{OP}-\overrightarrow{OM}$
$=\dfrac{3}{4}\vec{c}-\dfrac{\vec{b}+\vec{c}}{2}$

$$= \frac{-2\vec{b}+\vec{c}}{4}$$

53A (1) P(x, y, z) とすると
$$x = \frac{3\times1+4\times8}{4+3} = 5$$
$$y = \frac{3\times2+4\times(-5)}{4+3} = -2$$
$$z = \frac{3\times(-2)+4\times5}{4+3} = 2$$
よって **P(5, −2, 2)**

(2) Q(x, y, z) とすると
$$x = \frac{-3\times1+4\times8}{4-3} = 29$$
$$y = \frac{-3\times2+4\times(-5)}{4-3} = -26$$
$$z = \frac{-3\times(-2)+4\times5}{4-3} = 26$$
よって **Q(29, −26, 26)**

53B (1) P(x, y, z) とすると
$$x = \frac{3\times(-3)+2\times2}{2+3} = -1$$
$$y = \frac{3\times5+2\times0}{2+3} = 3$$
$$z = \frac{3\times(-2)+2\times(-7)}{2+3} = -4$$
よって **P(−1, 3, −4)**

(2) Q(x, y, z) とすると
$$x = \frac{-3\times(-3)+2\times2}{2-3} = -13$$
$$y = \frac{-3\times5+2\times0}{2-3} = 15$$
$$z = \frac{-3\times(-2)+2\times(-7)}{2-3} = 8$$
よって **Q(−13, 15, 8)**

54 $\overrightarrow{AB}=\vec{b}$, $\overrightarrow{AD}=\vec{d}$, $\overrightarrow{AE}=\vec{e}$ とすると
$$\overrightarrow{AC}=\vec{b}+\vec{d}$$
$$\overrightarrow{AP}=\frac{\vec{b}+\vec{d}+\vec{e}}{3}$$
$\overrightarrow{AM}=\dfrac{1}{2}\vec{e}$ より
$$\overrightarrow{MP}=\overrightarrow{AP}-\overrightarrow{AM}=\frac{\vec{b}+\vec{d}+\vec{e}}{3}-\frac{1}{2}\vec{e}$$
$$=\frac{1}{6}(2\vec{b}+2\vec{d}-\vec{e})$$
$$\overrightarrow{MC}=\overrightarrow{AC}-\overrightarrow{AM}=\vec{b}+\vec{d}-\frac{1}{2}\vec{e}$$
$$=\frac{1}{2}(2\vec{b}+2\vec{d}-\vec{e})$$
よって $\overrightarrow{MC}=3\overrightarrow{MP}$
したがって，3点 M, P, C は一直線上にある。

55A $\overrightarrow{AB}=(-1,\ 3,\ -4)$, $\overrightarrow{AC}=(-5,\ 1,\ -1)$ より，
$\overrightarrow{AC}=k\overrightarrow{AB}$ となる実数 k は存在しないから，3点
A, B, C は一直線上にない。
よって，点 P が3点 A, B, C と同じ平面上にある
とき，$\overrightarrow{AP}=s\overrightarrow{AB}+t\overrightarrow{AC}$ となる実数 s, t がある。
よって $\overrightarrow{AP}=(x-2,\ -3,\ 5)$ より
$$(x-2,\ -3,\ 5)=s(-1,\ 3,\ -4)+t(-5,\ 1,\ -1)$$
$$=(-s-5t,\ 3s+t,\ -4s-t)$$
すなわち
$$\begin{cases} x-2=-s-5t & \cdots\cdots① \\ -3=3s+t & \cdots\cdots② \\ 5=-4s-t & \cdots\cdots③ \end{cases}$$
②, ③より $s=-2$, $t=3$
これらの値を①に代入して $x=-11$

55B $\overrightarrow{AB}=(2,\ 4,\ -9)$, $\overrightarrow{AC}=(-1,\ 5,\ -3)$ より，
$\overrightarrow{AC}=k\overrightarrow{AB}$ となる実数 k は存在しないから，3点
A, B, C は一直線上にない。
よって，点 P が3点 A, B, C と同じ平面上にある
とき，$\overrightarrow{AP}=s\overrightarrow{AB}+t\overrightarrow{AC}$ となる実数 s, t がある。
よって $\overrightarrow{AP}=(4,\ -6,\ z-3)$ より
$$(4,\ -6,\ z-3)=s(2,\ 4,\ -9)+t(-1,\ 5,\ -3)$$
$$=(2s-t,\ 4s+5t,\ -9s-3t)$$
すなわち
$$\begin{cases} 4=2s-t & \cdots\cdots① \\ -6=4s+5t & \cdots\cdots② \\ z-3=-9s-3t & \cdots\cdots③ \end{cases}$$
①, ②より $s=1$, $t=-2$
これらの値を③に代入して $z=0$

56 $\overrightarrow{OA}=\vec{a}$, $\overrightarrow{OB}=\vec{b}$, $\overrightarrow{OC}=\vec{c}$,
正四面体の1辺の長さを d とすると
$$\vec{a}\cdot\vec{b}=\vec{b}\cdot\vec{c}=\vec{c}\cdot\vec{a}=d^2\cos60°=\frac{d^2}{2}$$
また，点 G は △ABC の重心であるから，
$$\overrightarrow{OG}=\frac{\overrightarrow{OA}+\overrightarrow{OB}+\overrightarrow{OC}}{3}=\frac{\vec{a}+\vec{b}+\vec{c}}{3}$$ より
$$\overrightarrow{OG}\cdot\overrightarrow{AB}=\frac{\vec{a}+\vec{b}+\vec{c}}{3}\cdot(\vec{b}-\vec{a})$$
$$=\frac{1}{3}(-\vec{a}\cdot\vec{a}+\vec{b}\cdot\vec{b}+\vec{b}\cdot\vec{c}-\vec{c}\cdot\vec{a})$$
$$=\frac{1}{3}\left(-d^2+d^2+\frac{d^2}{2}-\frac{d^2}{2}\right)$$
$$=0$$
すなわち $\overrightarrow{OG}\cdot\overrightarrow{AB}=0$
ここで，$\overrightarrow{OG}\neq\vec{0}$, $\overrightarrow{AB}\neq\vec{0}$ であるから
OG⊥AB
また
$$\overrightarrow{OG}\cdot\overrightarrow{AC}=\frac{\vec{a}+\vec{b}+\vec{c}}{3}\cdot(\vec{c}-\vec{a})$$
$$=\frac{1}{3}(-\vec{a}\cdot\vec{a}+\vec{b}\cdot\vec{c}-\vec{b}\cdot\vec{a}+\vec{c}\cdot\vec{c})$$
$$=\frac{1}{3}\left(-d^2+\frac{d^2}{2}-\frac{d^2}{2}+d^2\right)$$
$$=0$$

すなわち $\overrightarrow{\text{OG}}\cdot\overrightarrow{\text{AC}}=0$

ここで，$\overrightarrow{\text{OG}}\neq\vec{0}$，$\overrightarrow{\text{AC}}\neq\vec{0}$ であるから

$\text{OG}\perp\text{AC}$

57A (1) $z=-4$　　　　(2) $x=2$

57B (1) $y=5$　　　　(2) $z=-3$

58A (1) $(x-2)^2+(y-3)^2+\{z-(-1)\}^2=4^2$

すなわち $(x-2)^2+(y-3)^2+(z+1)^2=16$

(2) 半径は $\sqrt{1^2+(-2)^2+2^2}=3$

よって $x^2+y^2+z^2=3^2$

すなわち $x^2+y^2+z^2=9$

58B (1) $x^2+y^2+z^2=5^2$

すなわち $x^2+y^2+z^2=25$

(2) xy 平面 $z=0$ に接しているから，

半径は $|-2|=2$

よって $(x-1)^2+(y-4)^2+\{z-(-2)\}^2=2^2$

すなわち $(x-1)^2+(y-4)^2+(z+2)^2=4$

59A 線分 AB の中点を C とすると，点 C が求める球面の中心であり，線分 CA の長さが半径である。

点 C の座標は

$\left(\dfrac{5+1}{2},\dfrac{3+(-1)}{2},\dfrac{2+(-4)}{2}\right)$ より　$\text{C}(3,\ 1,\ -1)$

このとき

$\text{CA}=\sqrt{(5-3)^2+(3-1)^2+\{2-(-1)\}^2}=\sqrt{17}$

したがって，求める球面の方程式は

$(x-3)^2+(y-1)^2+\{z-(-1)\}^2=(\sqrt{17})^2$

すなわち

$(x-3)^2+(y-1)^2+(z+1)^2=17$

59B 線分 AB の中点を C とすると，点 C が求める球面の中心であり，線分 CA の長さが半径である。

点 C の座標は

$\left(\dfrac{2+4}{2},\ \dfrac{5+5}{2},\ \dfrac{-2+0}{2}\right)$ より　$\text{C}(3,\ 5,\ -1)$

このとき

$\text{CA}=\sqrt{(2-3)^2+(5-5)^2+\{-2-(-1)\}^2}=\sqrt{2}$

したがって，求める球面の方程式は

$(x-3)^2+(y-5)^2+\{z-(-1)\}^2=(\sqrt{2})^2$

すなわち

$(x-3)^2+(y-5)^2+(z+1)^2=2$

60A yz 平面は方程式 $x=0$ で表されるから，球面の方程式に $x=0$ を代入すると

$(0-3)^2+(y-5)^2+(z+1)^2=10$

より $(y-5)^2+(z+1)^2=1$

よって，求める円の中心の座標は $(0,\ 5,\ -1)$，

半径は 1

60B zx 平面は方程式 $y=0$ で表されるから，球面の方程式に $y=0$ を代入すると

$(x+1)^2+(0-6)^2+(z-2)^2=50$

より $(x+1)^2+(z-2)^2=14$

よって，求める円の中心の座標は $(-1,\ 0,\ 2)$，

半径は $\sqrt{14}$

演習問題

61 $\vec{a}+t\vec{b}=(2,\ 1)+t(-3,\ 2)$

$=(2-3t,\ 1+2t)$

であるから

$|\vec{a}+t\vec{b}|^2=(2-3t)^2+(1+2t)^2$

$=13t^2-8t+5$

$=13\left(t-\dfrac{4}{13}\right)^2+\dfrac{49}{13}$

$|\vec{a}+t\vec{b}|^2$ が最小のとき，$|\vec{a}+t\vec{b}|$ も最小になる。

よって，$|\vec{a}+t\vec{b}|$ は $t=\dfrac{4}{13}$ のとき，最小値 $\dfrac{7\sqrt{13}}{13}$

をとる。

62 (1) $2\overrightarrow{\text{AP}}+3\overrightarrow{\text{BP}}+4\overrightarrow{\text{CP}}=\vec{0}$ より

$2\overrightarrow{\text{AP}}+3(\overrightarrow{\text{AP}}-\overrightarrow{\text{AB}})+4(\overrightarrow{\text{AP}}-\overrightarrow{\text{AC}})=\vec{0}$

$9\overrightarrow{\text{AP}}=3\overrightarrow{\text{AB}}+4\overrightarrow{\text{AC}}$

よって

$\overrightarrow{\text{AP}}=\dfrac{3\overrightarrow{\text{AB}}+4\overrightarrow{\text{AC}}}{9}$

$=\dfrac{7}{9}\cdot\dfrac{3\overrightarrow{\text{AB}}+4\overrightarrow{\text{AC}}}{7}$

ここで，辺 BC を $4:3$ に内分する点を D とすると

$\overrightarrow{\text{AD}}=\dfrac{3\overrightarrow{\text{AB}}+4\overrightarrow{\text{AC}}}{7}$ であるから

$\overrightarrow{\text{AP}}=\dfrac{7}{9}\overrightarrow{\text{AD}}$

したがって，**辺 BC を $4:3$ に内分する点を D とするとき，点 P は線分 AD を $7:2$ に内分する点**である。

(2) $\triangle\text{ABC}$ の面積を S とおくと，

$\text{BD}:\text{DC}=4:3$ であるから

$\triangle\text{ADB}=\dfrac{4}{7}S,\ \triangle\text{ADC}=\dfrac{3}{7}S$

$\text{AP}:\text{PD}=7:2$ であるから

$\triangle\text{PAB}=\dfrac{7}{9}\triangle\text{ADB}$

$=\dfrac{7}{9}\cdot\dfrac{4}{7}S$

$=\dfrac{4}{9}S$

$\triangle\text{PCA}=\dfrac{7}{9}\triangle\text{ADC}$

$=\dfrac{7}{9}\cdot\dfrac{3}{7}S$

$=\dfrac{1}{3}S$

$\triangle\text{PBC}=S-\dfrac{4}{9}S-\dfrac{1}{3}S$

$=\dfrac{2}{9}S$

よって，$\triangle\text{PAB}:\triangle\text{PBC}:\triangle\text{PCA}$

$=\dfrac{4}{9}S:\dfrac{2}{9}S:\dfrac{1}{3}S$

$=4:2:3$

63 $\overrightarrow{\mathrm{OH}}=\overrightarrow{\mathrm{OA}}+\overrightarrow{\mathrm{AD}}+\overrightarrow{\mathrm{DH}}=\overrightarrow{\mathrm{OA}}+\overrightarrow{\mathrm{OB}}+3\overrightarrow{\mathrm{OC}}$

点Lは直線 OH 上にあるから，

$\overrightarrow{\mathrm{OL}}=k\overrightarrow{\mathrm{OH}}$ となる実数 k がある。

よって $\overrightarrow{\mathrm{OL}}=k(\overrightarrow{\mathrm{OA}}+\overrightarrow{\mathrm{OB}}+3\overrightarrow{\mathrm{OC}})$

$\qquad =k\overrightarrow{\mathrm{OA}}+k\overrightarrow{\mathrm{OB}}+3k\overrightarrow{\mathrm{OC}}$ ……①

ここで，Lは平面 ABC 上にあるから

$k+k+3k=1$

これを解いて $k=\dfrac{1}{5}$

したがって，①より

$$\overrightarrow{\mathrm{OL}}=\frac{1}{5}\overrightarrow{\mathrm{OA}}+\frac{1}{5}\overrightarrow{\mathrm{OB}}+\frac{3}{5}\overrightarrow{\mathrm{OC}}$$

2章 複素数平面

1節 複素数平面

14 複素数平面
p.50

64A $x+1$, $3y-2$ は実数であるから

$\qquad x+1=-2$, $3y-2=4$

したがって **$x=-3$, $y=2$**

64B $2x+y$, $y-1$ は実数であるから

$\qquad 2x+y=0$, $y-1=0$

したがって **$x=-\dfrac{1}{2}$, $y=1$**

65A (1) $(6+5i)+(-3-7i)$

$\qquad =(6-3)+(5-7)i$

$\qquad =\boldsymbol{3-2i}$

(2) $(5+2i)(-1-3i)$

$\qquad =-5-15i-2i-6i^2$

$\qquad =-5-17i-6\times(-1)$

$\qquad =\boldsymbol{1-17i}$

(3) $(2+3i)(2-3i)$

$\qquad =4-9i^2$

$\qquad =4-9\times(-1)$

$\qquad =\boldsymbol{13}$

65B (1) $(4-5i)-(8i+2)$

$\qquad =(4-2)+(-5-8)i$

$\qquad =\boldsymbol{2-13i}$

(2) $(-2+i)(-5-4i)$

$\qquad =10+8i-5i-4i^2$

$\qquad =10+3i-4\times(-1)$

$\qquad =\boldsymbol{14+3i}$

(3) $(\sqrt{3}+2i)^2$

$\qquad =3+4\sqrt{3}\,i+4i^2$

$\qquad =3+4\sqrt{3}\,i+4\times(-1)$

$\qquad =\boldsymbol{-1+4\sqrt{3}\,i}$

66A (1) $\boldsymbol{-1-3i}$

(2) $\boldsymbol{5}$

66B (1) $\boldsymbol{2+\sqrt{3}\,i}$

(2) $\boldsymbol{-2i}$

67A (1) $\dfrac{1-3i}{2+i}=\dfrac{(1-3i)(2-i)}{(2+i)(2-i)}$

$\qquad =\dfrac{2-i-6i+3i^2}{4-i^2}$

$\qquad =\dfrac{-1-7i}{5}$

$\qquad =\boldsymbol{-\dfrac{1}{5}-\dfrac{7}{5}i}$

(2) $\dfrac{4+3i}{2i}=\dfrac{(4+3i)i}{2i\times i}$

$\qquad =\dfrac{4i+3i^2}{-2}$

$\qquad =\dfrac{-3+4i}{-2}$

$\qquad =\boldsymbol{\dfrac{3}{2}-2i}$

67B (1) $\dfrac{5+3i}{-1+i}=\dfrac{(5+3i)(-1-i)}{(-1+i)(-1-i)}$

$\qquad =\dfrac{-5-5i-3i-3i^2}{1-i^2}$

$\qquad =\dfrac{-2-8i}{2}$

$\qquad =\boldsymbol{-1-4i}$

(2) $\dfrac{2-3i}{2+3i}=\dfrac{(2-3i)^2}{(2+3i)(2-3i)}$

$\qquad =\dfrac{4-12i+9i^2}{4-9i^2}$

$\qquad =\dfrac{-5-12i}{13}$

$\qquad =\boldsymbol{-\dfrac{5}{13}-\dfrac{12}{13}i}$

68A

(1) A$(-3+2i)$, (2) B(-4)

68B

(1) A$(4-i)$, (2) B$(-2i)$

69A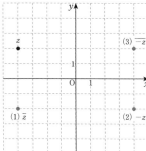

69B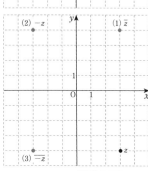

70A (1) $|-2+5i|=\sqrt{(-2)^2+5^2}=\sqrt{29}$

(2) $|6i|=\sqrt{0^2+6^2}=6$

70B (1) $|7-i|=\sqrt{7^2+(-1)^2}=\sqrt{50}=5\sqrt{2}$

(2) $|-5|=\sqrt{(-5)^2+0^2}=5$

71A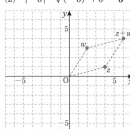

71B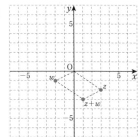

72A $|z-w|=|(4+3i)-(1+4i)|$
$=|3-i|$
$=\sqrt{3^2+(-1)^2}$
$=\sqrt{10}$

72B $|z-w|=|(-2+3i)-(-3-i)|$
$=|1+4i|$
$=\sqrt{1^2+4^2}$
$=\sqrt{17}$

73A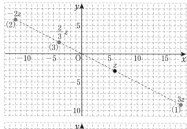

73B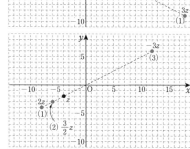

15 複素数の極形式 p.55

74A 絶対値を r とする。

(1) $r=\sqrt{(\sqrt{3})^2+1^2}=2$

$\theta=\dfrac{\pi}{6}$

より

$\sqrt{3}+i$

$=2\left(\cos\dfrac{\pi}{6}+i\sin\dfrac{\pi}{6}\right)$

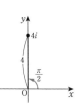

(2) $r=\sqrt{(-1)^2+(-1)^2}=\sqrt{2}$

$\theta=\dfrac{5}{4}\pi$

より

$-1-i$

$=\sqrt{2}\left(\cos\dfrac{5}{4}\pi+i\sin\dfrac{5}{4}\pi\right)$

(3) $r=|4i|=4$

$\theta=\dfrac{\pi}{2}$

より

$4i=4\left(\cos\dfrac{\pi}{2}+i\sin\dfrac{\pi}{2}\right)$

74B 絶対値を r とする。

(1) $r=\sqrt{1^2+(\sqrt{3})^2}=2$

$\theta=\dfrac{\pi}{3}$

より

$1+\sqrt{3}\,i$

$=2\left(\cos\dfrac{\pi}{3}+i\sin\dfrac{\pi}{3}\right)$

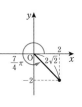

(2) $r=\sqrt{2^2+(-2)^2}=2\sqrt{2}$

$\theta=\dfrac{7}{4}\pi$

より

$2+2i$

$=2\sqrt{2}\left(\cos\dfrac{7}{4}\pi+i\sin\dfrac{7}{4}\pi\right)$

(3)　$r=3$

　　$\theta=0$

　　より

　　$3=3(\cos 0+i\sin 0)$

75A　$z_1 z_2=3\times 2\left\{\cos\left(\dfrac{2}{3}\pi+\dfrac{\pi}{4}\right)+i\sin\left(\dfrac{2}{3}\pi+\dfrac{\pi}{4}\right)\right\}$

　　　　$=6\left(\cos\dfrac{11}{12}\pi+i\sin\dfrac{11}{12}\pi\right)$

　　$\dfrac{z_1}{z_2}=\dfrac{3}{2}\left\{\cos\left(\dfrac{2}{3}\pi-\dfrac{\pi}{4}\right)+i\sin\left(\dfrac{2}{3}\pi-\dfrac{\pi}{4}\right)\right\}$

　　　　$=\dfrac{3}{2}\left(\cos\dfrac{5}{12}\pi+i\sin\dfrac{5}{12}\pi\right)$

75B　$z_1 z_2=4\times 1\left\{\cos\left(\dfrac{3}{2}\pi+\dfrac{\pi}{6}\right)+i\sin\left(\dfrac{3}{2}\pi+\dfrac{\pi}{6}\right)\right\}$

　　　　$=4\left(\cos\dfrac{5}{3}\pi+i\sin\dfrac{5}{3}\pi\right)$

　　$\dfrac{z_1}{z_2}=\dfrac{4}{1}\left\{\cos\left(\dfrac{3}{2}\pi-\dfrac{\pi}{6}\right)+i\sin\left(\dfrac{3}{2}\pi-\dfrac{\pi}{6}\right)\right\}$

　　　　$=4\left(\cos\dfrac{4}{3}\pi+i\sin\dfrac{4}{3}\pi\right)$

76A　(1)　$z_1=1+\sqrt{3}\,i=2\left(\cos\dfrac{\pi}{3}+i\sin\dfrac{\pi}{3}\right)$

　　　　　$z_2=3+3i=3\sqrt{2}\left(\cos\dfrac{\pi}{4}+i\sin\dfrac{\pi}{4}\right)$

　　(2)　$z_1 z_2$

　　　　$=2\times 3\sqrt{2}\left\{\cos\left(\dfrac{\pi}{3}+\dfrac{\pi}{4}\right)+i\sin\left(\dfrac{\pi}{3}+\dfrac{\pi}{4}\right)\right\}$

　　　　$=6\sqrt{2}\left(\cos\dfrac{7}{12}\pi+i\sin\dfrac{7}{12}\pi\right)$

　　　　$\dfrac{z_1}{z_2}=\dfrac{2}{3\sqrt{2}}\left\{\cos\left(\dfrac{\pi}{3}-\dfrac{\pi}{4}\right)+i\sin\left(\dfrac{\pi}{3}-\dfrac{\pi}{4}\right)\right\}$

　　　　　　$=\dfrac{\sqrt{2}}{3}\left(\cos\dfrac{\pi}{12}+i\sin\dfrac{\pi}{12}\right)$

76B　(1)　$z_1=1-i=\sqrt{2}\left(\cos\dfrac{7}{4}\pi+i\sin\dfrac{7}{4}\pi\right)$

　　　　　$z_2=\sqrt{3}+i=2\left(\cos\dfrac{\pi}{6}+i\sin\dfrac{\pi}{6}\right)$

　　(2)　$z_1 z_2$

　　　　$=\sqrt{2}\times 2\left\{\cos\left(\dfrac{7}{4}\pi+\dfrac{\pi}{6}\right)+i\sin\left(\dfrac{7}{4}\pi+\dfrac{\pi}{6}\right)\right\}$

　　　　$=2\sqrt{2}\left(\cos\dfrac{23}{12}\pi+i\sin\dfrac{23}{12}\pi\right)$

　　　　$\dfrac{z_1}{z_2}=\dfrac{\sqrt{2}}{2}\left\{\cos\left(\dfrac{7}{4}\pi-\dfrac{\pi}{6}\right)+i\sin\left(\dfrac{7}{4}\pi-\dfrac{\pi}{6}\right)\right\}$

　　　　　　$=\dfrac{\sqrt{2}}{2}\left(\cos\dfrac{19}{12}\pi+i\sin\dfrac{19}{12}\pi\right)$

77A　$z_1=\sqrt{2}\left(\cos\dfrac{3}{4}\pi+i\sin\dfrac{3}{4}\pi\right)$

　　　$z_2=2\sqrt{3}\left(\cos\dfrac{\pi}{3}+i\sin\dfrac{\pi}{3}\right)$

　　より

　　　$z_1 z_2$

　　　$=\sqrt{2}\times 2\sqrt{3}\left\{\cos\left(\dfrac{3}{4}\pi+\dfrac{\pi}{3}\right)+i\sin\left(\dfrac{3}{4}\pi+\dfrac{\pi}{3}\right)\right\}$

　　　$=2\sqrt{6}\left(\cos\dfrac{13}{12}\pi+i\sin\dfrac{13}{12}\pi\right)$

　　　$\dfrac{z_1}{z_2}=\dfrac{\sqrt{2}}{2\sqrt{3}}\left\{\cos\left(\dfrac{3}{4}\pi-\dfrac{\pi}{3}\right)+i\sin\left(\dfrac{3}{4}\pi-\dfrac{\pi}{3}\right)\right\}$

　　　　$=\dfrac{\sqrt{6}}{6}\left(\cos\dfrac{5}{12}\pi+i\sin\dfrac{5}{12}\pi\right)$

77B　$z_1=2\left(\cos\dfrac{3}{2}\pi+i\sin\dfrac{3}{2}\pi\right)$

　　　$z_2=2\sqrt{2}\left(\cos\dfrac{5}{6}\pi+i\sin\dfrac{5}{6}\pi\right)$

　　より

　　　$z_1 z_2$

　　　$=2\times 2\sqrt{2}\left\{\cos\left(\dfrac{3}{2}\pi+\dfrac{5}{6}\pi\right)+i\sin\left(\dfrac{3}{2}\pi+\dfrac{5}{6}\pi\right)\right\}$

　　　$=4\sqrt{2}\left(\cos\dfrac{7}{3}\pi+i\sin\dfrac{7}{3}\pi\right)$

　　　$=4\sqrt{2}\left(\cos\dfrac{\pi}{3}+i\sin\dfrac{\pi}{3}\right)$

　　　$\dfrac{z_1}{z_2}=\dfrac{2}{2\sqrt{2}}\left\{\cos\left(\dfrac{3}{2}\pi-\dfrac{5}{6}\pi\right)+i\sin\left(\dfrac{3}{2}\pi-\dfrac{5}{6}\pi\right)\right\}$

　　　　$=\dfrac{\sqrt{2}}{2}\left(\cos\dfrac{2}{3}\pi+i\sin\dfrac{2}{3}\pi\right)$

78A　(1)　$\sqrt{3}+i=2\left(\cos\dfrac{\pi}{6}+i\sin\dfrac{\pi}{6}\right)$　より

　　　点 $(\sqrt{3}+i)z$ は，点 z を原点のまわりに $\dfrac{\pi}{6}$ だけ

　　　回転し，原点からの距離を2倍した点である。

　　(2)　$-5=5(\cos\pi+i\sin\pi)$　より

　　　点 $-5z$ は，点 z を原点のまわりに π だけ回転し，

　　　原点からの距離を5倍した点である。

78B　(1)　$-\sqrt{3}-i=2\left(\cos\dfrac{7}{6}\pi+i\sin\dfrac{7}{6}\pi\right)$　より

　　　点 $(-\sqrt{3}-i)z$ は，点 z を原点のまわりに $\dfrac{7}{6}\pi$

　　　だけ回転し，原点からの距離を2倍した点であ

　　　る。

　　(2)　$-7i=7\left(\cos\dfrac{3}{2}\pi+i\sin\dfrac{3}{2}\pi\right)$　より

　　　点 $-7iz$ は，点 z を原点のまわりに $\dfrac{3}{2}\pi$ だけ回

　　　転し，原点からの距離を7倍した点である。

79A　$\left(\cos\dfrac{\pi}{6}+i\sin\dfrac{\pi}{6}\right)z$

　　　$=\left(\dfrac{\sqrt{3}}{2}+\dfrac{1}{2}i\right)(\sqrt{3}+2i)$

　　　$=\dfrac{1}{2}+\dfrac{3\sqrt{3}}{2}i$

79B　$\left(\cos\dfrac{4}{3}\pi+i\sin\dfrac{4}{3}\pi\right)z$

　　　$=\left(-\dfrac{1}{2}-\dfrac{\sqrt{3}}{2}i\right)(1-\sqrt{3}\,i)$

　　　$=-2$

80A　$2+2i=2\sqrt{2}\left(\cos\dfrac{\pi}{4}+i\sin\dfrac{\pi}{4}\right)$　より

　　　$\dfrac{z}{2+2i}$ は，点 z を原点のまわりに $-\dfrac{\pi}{4}$ だけ回転し，

　　　原点からの距離を $\dfrac{1}{2\sqrt{2}}$ 倍した点である。

80B $-\sqrt{3}+3i=2\sqrt{3}\left(\cos\frac{2}{3}\pi+i\sin\frac{2}{3}\pi\right)$ より

$\dfrac{z}{-\sqrt{3}+3i}$ は，点 z を原点のまわりに $-\dfrac{2}{3}\pi$ だ

け回転し，原点からの距離を $\dfrac{1}{2\sqrt{3}}$ 倍した点で

ある。

16 ド・モアブルの定理　　　　p.60

81A (1) $\left(\cos\dfrac{\pi}{3}+i\sin\dfrac{\pi}{3}\right)^3$

$=\cos\left(3\times\dfrac{\pi}{3}\right)+i\sin\left(3\times\dfrac{\pi}{3}\right)$

$=\cos\pi+i\sin\pi$

$=-1$

(2) $\left(\cos\dfrac{\pi}{4}+i\sin\dfrac{\pi}{4}\right)^{-2}$

$=\cos\left\{(-2)\times\dfrac{\pi}{4}\right\}+i\sin\left\{(-2)\times\dfrac{\pi}{4}\right\}$

$=\cos\left(-\dfrac{\pi}{2}\right)+i\sin\left(-\dfrac{\pi}{2}\right)$

$=-i$

81B (1) $\left(\cos\dfrac{\pi}{6}+i\sin\dfrac{\pi}{6}\right)^4$

$=\cos\left(4\times\dfrac{\pi}{6}\right)+i\sin\left(4\times\dfrac{\pi}{6}\right)$

$=\cos\dfrac{2}{3}\pi+i\sin\dfrac{2}{3}\pi$

$=-\dfrac{1}{2}+\dfrac{\sqrt{3}}{2}i$

(2) $\left(\cos\dfrac{\pi}{6}+i\sin\dfrac{\pi}{6}\right)^{-5}$

$=\cos\left\{(-5)\times\dfrac{\pi}{6}\right\}+i\sin\left\{(-5)\times\dfrac{\pi}{6}\right\}$

$=\cos\left(-\dfrac{5}{6}\pi\right)+i\sin\left(-\dfrac{5}{6}\pi\right)$

$=-\dfrac{\sqrt{3}}{2}-\dfrac{1}{2}i$

82A $z=\cos\dfrac{\pi}{3}+i\sin\dfrac{\pi}{3}$ であるから

$z^3=\left(\cos\dfrac{\pi}{3}+i\sin\dfrac{\pi}{3}\right)^3$

$=\cos\left(3\times\dfrac{\pi}{3}\right)+i\sin\left(3\times\dfrac{\pi}{3}\right)$

$=\cos\pi+i\sin\pi$

$=-1$

82B $z=\cos\dfrac{5}{6}\pi+i\sin\dfrac{5}{6}\pi$ であるから

$\dfrac{1}{z^4}=z^{-4}$

$=\left(\cos\dfrac{5}{6}\pi+i\sin\dfrac{5}{6}\pi\right)^{-4}$

$=\cos\left(-4\times\dfrac{5}{6}\pi\right)+i\sin\left(-4\times\dfrac{5}{6}\pi\right)$

$=\cos\left(-\dfrac{10}{3}\pi\right)+i\sin\left(-\dfrac{10}{3}\pi\right)$

$=\cos\dfrac{2}{3}\pi+i\sin\dfrac{2}{3}\pi$

$=-\dfrac{1}{2}+\dfrac{\sqrt{3}}{2}i$

83A (1) $-1+\sqrt{3}\,i=2\left(\cos\dfrac{2}{3}\pi+i\sin\dfrac{2}{3}\pi\right)$

であるから

$(-1+\sqrt{3}\,i)^6=2^6\left(\cos\dfrac{2}{3}\pi+i\sin\dfrac{2}{3}\pi\right)^6$

$=2^6\left\{\cos\left(6\times\dfrac{2}{3}\pi\right)+i\sin\left(6\times\dfrac{2}{3}\pi\right)\right\}$

$=64(\cos4\pi+i\sin4\pi)$

$=\mathbf{64}$

(2) $1-\sqrt{3}\,i=2\left(\cos\dfrac{5}{3}\pi+i\sin\dfrac{5}{3}\pi\right)$ であるから

$(1-\sqrt{3}\,i)^5=2^5\left(\cos\dfrac{5}{3}\pi+i\sin\dfrac{5}{3}\pi\right)^5$

$=2^5\left\{\cos\left(5\times\dfrac{5}{3}\pi\right)+i\sin\left(5\times\dfrac{5}{3}\pi\right)\right\}$

$=32\left(\cos\dfrac{25}{3}\pi+i\sin\dfrac{25}{3}\pi\right)$

$=32\left(\cos\dfrac{\pi}{3}+i\sin\dfrac{\pi}{3}\right)$

$=32\left(\dfrac{1}{2}+\dfrac{\sqrt{3}}{2}i\right)$

$=\mathbf{16+16\sqrt{3}\,i}$

83B (1) $-1+i=\sqrt{2}\left(\cos\dfrac{3}{4}\pi+i\sin\dfrac{3}{4}\pi\right)$ であるから

$(-1+i)^4=(\sqrt{2})^4\left(\cos\dfrac{3}{4}\pi+i\sin\dfrac{3}{4}\pi\right)^4$

$=(\sqrt{2})^4\left\{\cos\left(4\times\dfrac{3}{4}\pi\right)+i\sin\left(4\times\dfrac{3}{4}\pi\right)\right\}$

$=4(\cos3\pi+i\sin3\pi)$

$=-4$

(2) $1+i=\sqrt{2}\left(\cos\dfrac{\pi}{4}+i\sin\dfrac{\pi}{4}\right)$ であるから

$(1+i)^{-7}=(\sqrt{2})^{-7}\left(\cos\dfrac{\pi}{4}+i\sin\dfrac{\pi}{4}\right)^{-7}$

$=\dfrac{1}{(\sqrt{2})^7}\left\{\cos\left(-7\times\dfrac{\pi}{4}\right)+i\sin\left(-7\times\dfrac{\pi}{4}\right)\right\}$

$=\dfrac{1}{(\sqrt{2})^7}\left\{\cos\left(-\dfrac{7}{4}\pi\right)+i\sin\left(-\dfrac{7}{4}\pi\right)\right\}$

$=\dfrac{1}{8\sqrt{2}}\left(\dfrac{1}{\sqrt{2}}+\dfrac{1}{\sqrt{2}}i\right)$

$=\dfrac{1}{16}+\dfrac{1}{16}i$

84 $z=r(\cos\theta+i\sin\theta)$　　　　　……①

とおくと，ド・モアブルの定理より

$z^6=r^6(\cos6\theta+i\sin6\theta)$

また，$1=\cos0+i\sin0$ であるから，$z^6=1$ のとき

$r^6(\cos6\theta+i\sin6\theta)=\cos0+i\sin0$　　　……②

②の両辺の絶対値と偏角を比べて

$r^6=1$，$r>0$ より　　$r=1$　　　　　……③

$6\theta=0+2k\pi$ より　　$\theta=\dfrac{1}{3}k\pi$　　　（k は整数）

$0\le\theta<2\pi$ の範囲で考えると　$k=0,\ 1,\ 2,\ 3,\ 4,$

5 より $\theta = 0,\ \dfrac{\pi}{3},\ \dfrac{2}{3}\pi,\ \pi,\ \dfrac{4}{3}\pi,\ \dfrac{5}{3}\pi$ ……④

③, ④を①に代入して, 求める解は

$z = \cos 0 + i\sin 0,\ \cos\dfrac{\pi}{3} + i\sin\dfrac{\pi}{3},$

$\cos\dfrac{2}{3}\pi + i\sin\dfrac{2}{3}\pi,\ \cos\pi + i\sin\pi,$

$\cos\dfrac{4}{3}\pi + i\sin\dfrac{4}{3}\pi,\ \cos\dfrac{5}{3}\pi + i\sin\dfrac{5}{3}\pi$

すなわち

$z = 1,\ \dfrac{1}{2} + \dfrac{\sqrt{3}}{2}i,\ -\dfrac{1}{2} + \dfrac{\sqrt{3}}{2}i,$

$-1,\ -\dfrac{1}{2} - \dfrac{\sqrt{3}}{2}i,\ \dfrac{1}{2} - \dfrac{\sqrt{3}}{2}i$

85A $z = r(\cos\theta + i\sin\theta)$ ……①

とおくと, ド・モアブルの定理より

$z^3 = r^3(\cos 3\theta + i\sin 3\theta)$

また, $8 = 8(\cos 0 + i\sin 0)$ であるから, $z^3 = 8$ のとき

$r^3(\cos 3\theta + i\sin 3\theta) = 8(\cos 0 + i\sin 0)$……②

②の両辺の絶対値と偏角を比べて

$r^3 = 8,\ r > 0$ より $r = 2$ ……③

$3\theta = 0 + 2k\pi$ より $\theta = \dfrac{2}{3}k\pi$ (k は整数)

$0 \le \theta < 2\pi$ の範囲で考えると $k = 0,\ 1,\ 2$

より $\theta = 0,\ \dfrac{2}{3}\pi,\ \dfrac{4}{3}\pi$ ……④

③, ④を①に代入して, 求める解は

$z = 2(\cos 0 + i\sin 0),$

$2\left(\cos\dfrac{2}{3}\pi + i\sin\dfrac{2}{3}\pi\right),$

$2\left(\cos\dfrac{4}{3}\pi + i\sin\dfrac{4}{3}\pi\right)$

すなわち $z = 2,\ -1 + \sqrt{3}\,i,\ -1 - \sqrt{3}\,i$

85B $z = r(\cos\theta + i\sin\theta)$ ……①

とおくと, ド・モアブルの定理より

$z^4 = r^4(\cos 4\theta + i\sin 4\theta)$

また, $\dfrac{-1 + \sqrt{3}\,i}{2} = \cos\dfrac{2}{3}\pi + i\sin\dfrac{2}{3}\pi$ であるか

ら, $z^4 = \dfrac{-1 + \sqrt{3}\,i}{2}$ のとき

$r^4(\cos 4\theta + i\sin 4\theta) = \cos\dfrac{2}{3}\pi + i\sin\dfrac{2}{3}\pi$

……②

②の両辺の絶対値と偏角を比べて

$r^4 = 1,\ r > 0$ より $r = 1$ ……③

$4\theta = \dfrac{2}{3}\pi + 2k\pi$ より $\theta = \dfrac{\pi}{6} + \dfrac{1}{2}k\pi$ (k は整数)

$0 \le \theta < 2\pi$ の範囲で考えると $k = 0,\ 1,\ 2,\ 3$

より $\theta = \dfrac{\pi}{6},\ \dfrac{2}{3}\pi,\ \dfrac{7}{6}\pi,\ \dfrac{5}{3}\pi$ ……④

③, ④を①に代入して, 求める解は

$z = \cos\dfrac{\pi}{6} + i\sin\dfrac{\pi}{6},\ \cos\dfrac{2}{3}\pi + i\sin\dfrac{2}{3}\pi,$

$\cos\dfrac{7}{6}\pi + i\sin\dfrac{7}{6}\pi,\ \cos\dfrac{5}{3}\pi + i\sin\dfrac{5}{3}\pi$

すなわち $z = \dfrac{\sqrt{3}}{2} + \dfrac{1}{2}i,\ -\dfrac{1}{2} + \dfrac{\sqrt{3}}{2}i,$

$-\dfrac{\sqrt{3}}{2} - \dfrac{1}{2}i,\ \dfrac{1}{2} - \dfrac{\sqrt{3}}{2}i$

17 複素数と図形　　　　p.64

86A $z_1 = \dfrac{(2-5i) + 3(6+3i)}{3+1} = \dfrac{20+4i}{4}$

$= 5 + i$

$z_2 = \dfrac{-(2-5i) + 3(6+3i)}{3-1} = \dfrac{16+14i}{2}$

$= 8 + 7i$

86B $z_1 = \dfrac{3(2-5i) + 2(6+3i)}{2+3} = \dfrac{18-9i}{5}$

$= \dfrac{18}{5} - \dfrac{9}{5}i$

$z_2 = \dfrac{-3(2-5i) + 2(6+3i)}{2-3} = \dfrac{6+21i}{-1}$

$= -6 - 21i$

87A $z = \dfrac{(-2+5i) + (1-9i) + (7+i)}{3} = \dfrac{6-3i}{3}$

$= 2 - i$

87B $z = \dfrac{(5+8i) + 4i + (2-3i)}{3} = \dfrac{7+9i}{3}$

$= \dfrac{7}{3} + 3i$

88A 点 3 を中心とする半径 4 の円

88B 両辺を 2 で割って,

$\left| z - \dfrac{1}{2}i \right| = \dfrac{1}{2}$ より,

点 $\dfrac{1}{2}i$ を中心とする半径 $\dfrac{1}{2}$ の円

89A 2 点 -3, $2i$ を結ぶ線分の垂直二等分線

89B $|z| = |z - (-1+i)|$ より,

原点と点 $-1+i$ を結ぶ線分の垂直二等分線

90 点 z は, 中心が原点, 半径 1 の円周上の点であるから, $|z| = 1$ を満たしている。

(1) $w = 4iz - 3$ より $z = \dfrac{w+3}{4i}$

ゆえに $\left| \dfrac{w+3}{4i} \right| = 1$

よって $\dfrac{|w+3|}{|4i|} = 1$ より $|w+3| = 4$

したがって, 点 w は**点 -3 を中心とする半径 4 の円**を描く。

(2) $w = \dfrac{3z+i}{z-1}$ より $(z-1)w = 3z+i$

整理すると $(w-3)z = w+i$ ……①

ここで, $w = 3$ は①を満たさないので $w - 3 \neq 0$ である。

ゆえに $z = \dfrac{w+i}{w-3}$

よって $\left| \dfrac{w+i}{w-3} \right| = 1$

より $|w+i|=|w-3|$

したがって，点 w は **2 点 $-i$，3 を結ぶ線分の垂直二等分線**を描く。

91A $\alpha=2+3i$，$\beta=-1+5i$ とおくと

$$\frac{\beta}{\alpha}=\frac{-1+5i}{2+3i}=\frac{(-1+5i)(2-3i)}{(2+3i)(2-3i)}=\frac{13+13i}{13}$$

$$=1+i=\sqrt{2}\left(\cos\frac{\pi}{4}+i\sin\frac{\pi}{4}\right)$$

よって $\angle\mathrm{AOB}=\arg\dfrac{\beta}{\alpha}=\dfrac{\pi}{4}$

91B $\alpha=3\sqrt{3}+i$，$\beta=-\sqrt{3}+2i$ とおくと

$$\frac{\beta}{\alpha}=\frac{-\sqrt{3}+2i}{3\sqrt{3}+i}$$

$$=\frac{(-\sqrt{3}+2i)(3\sqrt{3}-i)}{(3\sqrt{3}+i)(3\sqrt{3}-i)}=\frac{-7+7\sqrt{3}\,i}{28}$$

$$=\frac{-1+\sqrt{3}\,i}{4}=\frac{1}{2}\left(\cos\frac{2}{3}\pi+i\sin\frac{2}{3}\pi\right)$$

よって $\angle\mathrm{AOB}=\arg\dfrac{\beta}{\alpha}=\dfrac{2}{3}\pi$

92A $\alpha=1+2i$，$\beta=4+i$，$\gamma=3+8i$ とおくと

$$\frac{\gamma-\alpha}{\beta-\alpha}=\frac{(3+8i)-(1+2i)}{(4+i)-(1+2i)}$$

$$=\frac{2+6i}{3-i}=\frac{(2+6i)(3+i)}{(3-i)(3+i)}$$

$$=2i=2\left(\cos\frac{\pi}{2}+i\sin\frac{\pi}{2}\right)$$

よって $\angle\mathrm{BAC}=\arg\dfrac{\gamma-\alpha}{\beta-\alpha}=\dfrac{\pi}{2}$

92B $\alpha=\sqrt{3}+i$，$\beta=2\sqrt{3}+i$，$\gamma=-2\sqrt{3}+4i$ とおくと

$$\frac{\gamma-\alpha}{\beta-\alpha}=\frac{(-2\sqrt{3}+4i)-(\sqrt{3}+i)}{(2\sqrt{3}+i)-(\sqrt{3}+i)}$$

$$=\frac{-3\sqrt{3}+3i}{\sqrt{3}}=-3+\sqrt{3}\,i$$

$$=2\sqrt{3}\left(\cos\frac{5}{6}\pi+i\sin\frac{5}{6}\pi\right)$$

よって $\angle\mathrm{BAC}=\arg\dfrac{\gamma-\alpha}{\beta-\alpha}=\dfrac{5}{6}\pi$

93 $\alpha=3-2i$，$\beta=7-5i$，$\gamma=k+4i$ とおくと

$$\frac{\gamma-\alpha}{\beta-\alpha}=\frac{(k+4i)-(3-2i)}{(7-5i)-(3-2i)}=\frac{(k-3)+6i}{4-3i}$$

$$=\frac{\{(k-3)+6i\}(4+3i)}{(4-3i)(4+3i)}$$

$$=\frac{4k-30}{25}+\frac{3k+15}{25}i$$

(1) 3 点 A，B，C が一直線上にあるのは，

$\dfrac{\gamma-\alpha}{\beta-\alpha}$ が実数のときである。

よって $\dfrac{3k+15}{25}=0$ より $k=-5$

(2) $\mathrm{AB}\perp\mathrm{AC}$ となるのは，$\dfrac{\gamma-\alpha}{\beta-\alpha}$ が純虚数のときである。

よって $\dfrac{4k-30}{25}=0$，$\dfrac{3k+15}{25}\neq0$ より $k=\dfrac{15}{2}$

94A (1) $\dfrac{\gamma-\alpha}{\beta-\alpha}=\dfrac{-1+i}{\sqrt{2}}=\cos\dfrac{3}{4}\pi+i\sin\dfrac{3}{4}\pi$

であるから

$$\left|\frac{\gamma-\alpha}{\beta-\alpha}\right|=1 \quad\text{より}\quad \frac{|\gamma-\alpha|}{|\beta-\alpha|}=\frac{\mathrm{AC}}{\mathrm{AB}}=1$$

すなわち $\mathrm{AC}=\mathrm{AB}$

また，$\arg\dfrac{\gamma-\alpha}{\beta-\alpha}=\dfrac{3}{4}\pi$ より $\angle\mathrm{BAC}=\dfrac{3}{4}\pi$

よって，△ABC は

$\angle\mathrm{A}=135°$ の二等辺三角形である。

(2) $\dfrac{\gamma-\alpha}{\beta-\alpha}=\dfrac{3+\sqrt{3}\,i}{4}=\dfrac{\sqrt{3}}{2}\left(\cos\dfrac{\pi}{6}+i\sin\dfrac{\pi}{6}\right)$

であるから

$$\left|\frac{\gamma-\alpha}{\beta-\alpha}\right|=\frac{\sqrt{3}}{2} \quad\text{より}$$

$$\frac{|\gamma-\alpha|}{|\beta-\alpha|}=\frac{\mathrm{AC}}{\mathrm{AB}}=\frac{\sqrt{3}}{2}$$

すなわち $\mathrm{AB}:\mathrm{AC}=2:\sqrt{3}$

また，$\arg\dfrac{\gamma-\alpha}{\beta-\alpha}=\dfrac{\pi}{6}$ より $\angle\mathrm{BAC}=\dfrac{\pi}{6}$

よって，△ABC は

$\mathrm{AB}:\mathrm{AC}=2:\sqrt{3}$，$\angle\mathrm{A}=30°$ の三角形で，このとき $\angle\mathrm{C}=90°$ となる。

すなわち，

$\angle\mathrm{A}=30°$，$\angle\mathrm{C}=90°$ の直角三角形である。

94B (1) $\dfrac{\gamma-\alpha}{\beta-\alpha}=2i=2\left(\cos\dfrac{\pi}{2}+i\sin\dfrac{\pi}{2}\right)$ であるから

$$\left|\frac{\gamma-\alpha}{\beta-\alpha}\right|=2 \quad\text{より}$$

$$\frac{|\gamma-\alpha|}{|\beta-\alpha|}=\frac{\mathrm{AC}}{\mathrm{AB}}=2$$

すなわち $\mathrm{AB}:\mathrm{AC}=1:2$

また，$\arg\dfrac{\gamma-\alpha}{\beta-\alpha}=\dfrac{\pi}{2}$ より

$$\angle\mathrm{BAC}=\frac{\pi}{2}$$

よって，△ABC は

$\mathrm{AB}:\mathrm{AC}=1:2$，$\angle\mathrm{A}=90°$ の直角三角形である。

(2) $\dfrac{\gamma-\alpha}{\beta-\alpha}=1+\sqrt{3}\,i=2\left(\cos\dfrac{\pi}{3}+i\sin\dfrac{\pi}{3}\right)$

であるから

$$\left|\frac{\gamma-\alpha}{\beta-\alpha}\right|=2 \quad\text{より}$$

$$\frac{|\gamma-\alpha|}{|\beta-\alpha|}=\frac{\mathrm{AC}}{\mathrm{AB}}=2$$

すなわち $\mathrm{AB}:\mathrm{AC}=1:2$

また，$\arg\dfrac{\gamma-\alpha}{\beta-\alpha}=\dfrac{\pi}{3}$ より $\angle\mathrm{BAC}=\dfrac{\pi}{3}$

よって，△ABC は

$\mathrm{AB}:\mathrm{AC}=1:2$，$\angle\mathrm{A}=60°$ の三角形で，このとき $\angle\mathrm{B}=90°$ となる。

すなわち，

∠A＝60°，∠B＝90° の直角三角形である。

演習問題

95A 条件から　　AP：BP＝3：1

すなわち　　AP＝3BP

よって　$|z+5|=3|z-3|$　　　……①

①の両辺を 2 乗して

$|z+5|^2=9|z-3|^2$

より

$(z+5)\overline{(z+5)}=9(z-3)\overline{(z-3)}$

よって

$(z+5)(\bar{z}+5)=9(z-3)(\bar{z}-3)$

展開して整理すると

$z\bar{z}-4z-4\bar{z}+7=0$

変形して

$(z-4)(\bar{z}-4)=9$

$(z-4)\overline{(z-4)}=9$

よって　$|z-4|^2=9$

すなわち　$|z-4|=3$

したがって，求める図形は，**点 4 を中心とする半径 3 の円**である。

95B 条件から　　AP：BP＝2：1

すなわち　　AP＝2BP

よって　$|z-4i|=2|z+2i|$　　　……①

①の両辺を 2 乗して

$|z-4i|^2=4|z+2i|^2$

より

$(z-4i)\overline{(z-4i)}=4(z+2i)\overline{(z+2i)}$

よって

$(z-4i)(\bar{z}+4i)=4(z+2i)(\bar{z}-2i)$

展開して整理すると

$z\bar{z}-4iz+4i\bar{z}=0$

変形して

$(z+4i)(\bar{z}-4i)=16$

$(z+4i)\overline{(z+4i)}=16$

よって　$|z+4i|^2=16$

すなわち　$|z+4i|=4$

したがって，求める図形は，**点 $-4i$ を中心とする半径 4 の円**である。

96A 点 z を $-z_0$ だけ平行移動した点は

$z-z_0=(5+4i)-(1+2i)=4+2i$

点 $z-z_0$ を原点のまわりに $\dfrac{\pi}{3}$ だけ回転した点は

$$\left(\cos\frac{\pi}{3}+i\sin\frac{\pi}{3}\right)(z-z_0)=\left(\frac{1}{2}+\frac{\sqrt{3}}{2}i\right)(4+2i)$$
$$=(1+\sqrt{3}\,i)(2+i)$$
$$=(2-\sqrt{3})+(1+2\sqrt{3}\,)i$$

この点を z_0 だけ平行移動した点が z' である。

よって　$z'=\{(2-\sqrt{3})+(1+2\sqrt{3})i\}+(1+2i)$
$$=(3-\sqrt{3})+(3+2\sqrt{3})i$$

96B 点 z を $-z_0$ だけ平行移動した点は

$z-z_0=(6+5i)-(4+i)=2+4i$

点 $z-z_0$ を原点のまわりに $\dfrac{\pi}{4}$ だけ回転した点は

$$\left(\cos\frac{\pi}{4}+i\sin\frac{\pi}{4}\right)(z-z_0)=\left(\frac{1}{\sqrt{2}}+\frac{1}{\sqrt{2}}i\right)(2+4i)$$
$$=(\sqrt{2}+\sqrt{2}\,i)(1+2i)$$
$$=-\sqrt{2}+3\sqrt{2}\,i$$

この点を z_0 だけ平行移動した点が z' である。

よって　$z'=(-\sqrt{2}+3\sqrt{2}\,i)+(4+i)$
$$=(4-\sqrt{2})+(1+3\sqrt{2}\,)i$$

97 $-1+i=\sqrt{2}\left(\cos\dfrac{3}{4}\pi+i\sin\dfrac{3}{4}\pi\right)$

であるから，ド・モアブルの定理より

$$(-1+i)^n=(\sqrt{2})^n\left(\cos\frac{3}{4}\pi+i\sin\frac{3}{4}\pi\right)^n$$
$$=(\sqrt{2})^n\left(\cos\frac{3}{4}n\pi+i\sin\frac{3}{4}n\pi\right)$$

これが実数となるのは，$\sin\dfrac{3}{4}n\pi=0$ のときである。

すなわち，$\dfrac{3}{4}n$ が整数であればよいから，最小の自然数 n は　$n=4$

3章　平面上の曲線

1節　2次曲線

18 放物線
p.74

98A $y^2=4\times3\times x$

すなわち　$y^2=12x$

98B $y^2=4\times\left(-\dfrac{1}{4}\right)\times x$

すなわち　$y^2=-x$

99A $y^2=4\times\dfrac{1}{2}\times x$ であるから

焦点　$F\left(\dfrac{1}{2},\ 0\right)$，準線　$x=-\dfrac{1}{2}$

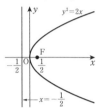

99B $y^2=4\times\left(-\dfrac{1}{4}\right)\times x$ であるから

焦点　$F\left(-\dfrac{1}{4},\ 0\right)$，準線　$x=\dfrac{1}{4}$

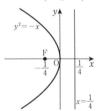

100A $x^2=4\times3\times y$

すなわち　$x^2=12y$

100B $x^2=4\times\left(-\dfrac{1}{8}\right)\times y$

すなわち　$x^2=-\dfrac{1}{2}y$

101A $x^2=4\times\dfrac{1}{8}\times y$ であるから

焦点　$F\left(0,\ \dfrac{1}{8}\right)$，準線　$y=-\dfrac{1}{8}$

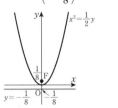

101B $x^2=4\times\left(-\dfrac{1}{2}\right)\times y$ であるから

焦点　$F\left(0,\ -\dfrac{1}{2}\right)$，準線　$y=\dfrac{1}{2}$

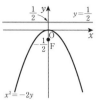

19 楕円
p.76

102A $\sqrt{9-4}=\sqrt{5}$ より

焦点は　$F(\sqrt{5},\ 0)$，$F'(-\sqrt{5},\ 0)$

頂点の座標は

　$(3,\ 0),\ (-3,\ 0),$

　$(0,\ 2),\ (0,\ -2)$

その概形は右の図のようになる。

また，長軸の長さは 6,

短軸の長さは 4 である。

102B $\sqrt{4-3}=1$ より

焦点は　$F(1,\ 0)$，$F'(-1,\ 0)$

頂点の座標は

　$(2,\ 0),\ (-2,\ 0),$

　$(0,\ \sqrt{3}),\ (0,\ -\sqrt{3})$

その概形は右の図のようになる。

また，長軸の長さは 4,

短軸の長さは $2\sqrt{3}$ である。

103A 求める楕円の方程式を $\dfrac{x^2}{a^2}+\dfrac{y^2}{b^2}=1\ (a>b>0)$ とする。

焦点からの距離の和が 10 であるから

　$2a=10$　より　$a=5$

また，この楕円の焦点は

$F(3,\ 0)$，$F'(-3,\ 0)$ であるから

　$3=\sqrt{a^2-b^2}$

よって　$b^2=a^2-3^2=5^2-3^2=16$

したがって，求める方程式は $\dfrac{x^2}{25}+\dfrac{y^2}{16}=1$

103B 求める楕円の方程式を $\dfrac{x^2}{a^2}+\dfrac{y^2}{b^2}=1\ (a>b>0)$ とする。

焦点からの距離の和が 8 であるから

　$2a=8$　より　$a=4$

また，この楕円の焦点は

$F(2\sqrt{3},\ 0)$，$F'(-2\sqrt{3},\ 0)$ であるから

　$2\sqrt{3}=\sqrt{a^2-b^2}$

よって　$b^2=a^2-(2\sqrt{3})^2=4^2-(2\sqrt{3})^2=4$

したがって，求める方程式は $\dfrac{x^2}{16}+\dfrac{y^2}{4}=1$

104A $\sqrt{16-4}=2\sqrt{3}$ より

焦点は　F$(0,\ 2\sqrt{3})$, F′$(0,\ -2\sqrt{3})$

頂点の座標は

$(2,\ 0),\ (-2,\ 0),$

$(0,\ 4),\ (0,\ -4)$

その概形は右の図のようになる。

また，長軸の長さは**8**，短軸の長さは**4**である。

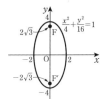

104B $\sqrt{4-1}=\sqrt{3}$ より

焦点は　F$(0,\ \sqrt{3})$, F′$(0,\ -\sqrt{3})$

頂点の座標は

$(1,\ 0),\ (-1,\ 0),$

$(0,\ 2),\ (0,\ -2)$

その概形は右の図のようになる。

また，長軸の長さは**4**，短軸の長さは**2**である。

105A $x^2+y^2=9$ ……① の円周上の点を Q$(s,\ t)$ とすると

$s^2+t^2=9$ 　　　　……②

Q の y 座標を $\dfrac{1}{3}$ 倍して得られる点を P$(x,\ y)$ とすると

$x=s,\ y=\dfrac{1}{3}t$

ゆえに　$s=x,\ t=3y$ ……③

③を②に代入すると　$x^2+(3y)^2=9$

よって，求める曲線は，**楕円 $\dfrac{x^2}{9}+y^2=1$**

105B $x^2+y^2=4$ ……① の円周上の点を Q$(s,\ t)$ とすると

$s^2+t^2=4$ 　　　　……②

Q の x 座標を $\dfrac{3}{2}$ 倍して得られる点を P$(x,\ y)$ とすると

$x=\dfrac{3}{2}s,\ y=t$

ゆえに　$s=\dfrac{2}{3}x,\ t=y$ ……③

③を②に代入すると　$\left(\dfrac{2}{3}x\right)^2+y^2=4$

よって，求める曲線は，**楕円 $\dfrac{x^2}{9}+\dfrac{y^2}{4}=1$**

106A 点 A は x 軸上，点 B は y 軸上の点であるから，それぞれ A$(s,\ 0)$，B$(0,\ t)$ とおける。AB$=4$ であるから

$s^2+t^2=4^2$ 　　　　……①

線分 AB を $1:3$ に内分する点 P の座標を $(x,\ y)$ とすると

$x=\dfrac{3}{4}s,\ y=\dfrac{1}{4}t$

より　$s=\dfrac{4}{3}x,\ t=4y$ ……②

②を①に代入すると

$\left(\dfrac{4}{3}x\right)^2+(4y)^2=4^2$

よって　$\dfrac{x^2}{9}+y^2=1$

したがって，点 P の軌跡は，**楕円 $\dfrac{x^2}{9}+y^2=1$** である。

106B 点 A は x 軸上，点 B は y 軸上の点であるから，それぞれ A$(s,\ 0)$，B$(0,\ t)$ とおける。AB$=7$ であるから

$s^2+t^2=7^2$ 　　　　……①

線分 AB を $4:3$ に内分する点 P の座標を $(x,\ y)$ とすると

$x=\dfrac{3}{7}s,\ y=\dfrac{4}{7}t$

より　$s=\dfrac{7}{3}x,\ t=\dfrac{7}{4}y$ ……②

②を①に代入すると

$\left(\dfrac{7}{3}x\right)^2+\left(\dfrac{7}{4}y\right)^2=7^2$

よって　$\dfrac{x^2}{9}+\dfrac{y^2}{16}=1$

したがって，点 P の軌跡は，**楕円 $\dfrac{x^2}{9}+\dfrac{y^2}{16}=1$** である。

20 双曲線　　　　　　　　　　p.80

107A(1) $\sqrt{8+4}=\sqrt{12}=2\sqrt{3}$ より

焦点は　F$(2\sqrt{3},\ 0)$, F′$(-2\sqrt{3},\ 0)$

頂点の座標は　$(2\sqrt{2},\ 0),\ (-2\sqrt{2},\ 0)$

(2) $\dfrac{x^2}{4}-\dfrac{y^2}{4}=1$

$\sqrt{4+4}=\sqrt{8}=2\sqrt{2}$ より

焦点は　F$(2\sqrt{2},\ 0)$, F′$(-2\sqrt{2},\ 0)$

頂点の座標は　$(2,\ 0),\ (-2,\ 0)$

107B(1) $\sqrt{9+16}=\sqrt{25}=5$ より

焦点は　F$(5,\ 0)$, F′$(-5,\ 0)$

頂点の座標は　$(3,\ 0),\ (-3,\ 0)$

(2) $\dfrac{x^2}{5}-\dfrac{y^2}{4}=1$

$\sqrt{5+4}=\sqrt{9}=3$ より

焦点は　F$(3,\ 0)$, F′$(-3,\ 0)$

頂点の座標は　$(\sqrt{5},\ 0),\ (-\sqrt{5},\ 0)$

108A 頂点の座標は

$(4,\ 0),\ (-4,\ 0)$

漸近線の方程式は

$y=\dfrac{3}{4}x,\ y=-\dfrac{3}{4}x$

また，双曲線の概形は，右の図のようになる。

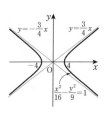

108B $\dfrac{x^2}{9}-\dfrac{y^2}{9}=1$ より

頂点の座標は
$$(3,\ 0),\ (-3,\ 0)$$
漸近線の方程式は
$$y=x,\ y=-x$$
また，双曲線の概形は，
右の図のようになる。

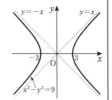

109A 頂点の座標は
$$(0,\ 4),\ (0,\ -4)$$
漸近線の方程式は
$$y=\dfrac{4}{5}x,\ y=-\dfrac{4}{5}x$$
また，双曲線の概形は，
右の図のようになる。

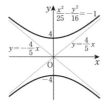

109B $\dfrac{x^2}{4}-\dfrac{y^2}{4}=-1$ より

頂点の座標は
$$(0,\ 2),\ (0,\ -2)$$
漸近線の方程式は
$$y=x,\ y=-x$$
また，双曲線の概形は，
右の図のようになる。

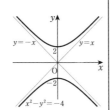

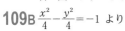

21 ２次曲線の平行移動　　　　　　p.82

110A 楕円　$x^2+\dfrac{y^2}{2}=1$　　　　……①

を x 軸方向に 1，y 軸方向に -2 だけ平行移動し
て得られる楕円の方程式は
$$(x-1)^2+\dfrac{(y+2)^2}{2}=1\qquad……②$$
である。
また，楕円①の焦点の座標は $(0,\ 1)$，$(0,\ -1)$ であ
るから，楕円②の焦点の座標は
$$(1,\ -1),\ (1,\ -3)$$

110B 放物線　$y^2=-8x$　　　　　……①

を x 軸方向に 1，y 軸方向に -2 だけ平行移動し
て得られる放物線の方程式は
$$(y+2)^2=-8(x-1)\qquad……②$$
である。
また，放物線①の焦点の座標は $(-2,\ 0)$ であるか
ら，放物線②の焦点の座標は
$$(-1,\ -2)$$

111A 放物線　$y^2=8x$　　　　　　……①

を x 軸方向に -2，y 軸方向に 1 だけ平行移動して
得られる放物線の方程式は
$$(y-1)^2=8(x+2)\qquad……②$$
である。
また，放物線①の焦点の座標は $(2,\ 0)$ であるから，
放物線②の焦点の座標は
$$(0,\ 1)$$

111B 双曲線　$x^2-\dfrac{y^2}{3}=1$　　　　……①

を x 軸方向に 2，y 軸方向に -1 だけ平行移動して
得られる双曲線の方程式は
$$(x-2)^2-\dfrac{(y+1)^2}{3}=1\qquad……②$$
である。
また，双曲線①の焦点の座標は $(2,\ 0)$，$(-2,\ 0)$
であるから，双曲線②の焦点の座標は
$$(4,\ -1),\ (0,\ -1)$$

112A $x^2+4y^2-4x=0$
$$(x-2)^2-2^2+4y^2=0$$
$$\dfrac{(x-2)^2}{4}+y^2=1$$

この曲線は，楕円 $\dfrac{x^2}{4}+y^2=1$ を x 軸方向に 2 だ
け平行移動した楕円である。

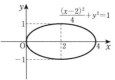

112B $x^2+2x-2y+3=0$
$$(x+1)^2-1^2-2y+3=0$$
$$(x+1)^2=2(y-1)$$

この曲線は，放物線 $x^2=2y$ を x 軸方向に -1，y
軸方向に 1 だけ平行移動した放物線である。

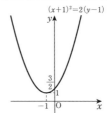

22 ２次曲線と直線　　　　　　p.84

113A (1) $\begin{cases}\dfrac{x^2}{4}+\dfrac{y^2}{8}=1 &……①\\[2mm] y=x-2 &……②\end{cases}$

②を①に代入すると
$$\dfrac{x^2}{4}+\dfrac{(x-2)^2}{8}=1$$
$$3x^2-4x-4=0$$
$$(3x+2)(x-2)=0$$

ゆえに　$x=-\dfrac{2}{3},\ 2$

②より，$x=-\dfrac{2}{3}$ のとき　$y=-\dfrac{8}{3}$
$\qquad\qquad x=2$　　　のとき　$y=0$

よって，共有点の座標は
$$\left(-\dfrac{2}{3},\ -\dfrac{8}{3}\right),\ (2,\ 0)$$

— 20 —

(2) $\begin{cases} \dfrac{x^2}{12} - \dfrac{y^2}{3} = 1 & \cdots\cdots ① \\ x - 2y + 4 = 0 & \cdots\cdots ② \end{cases}$

②より $x = 2y - 4$ $\cdots\cdots ③$

③を①に代入すると

$$\dfrac{(2y-4)^2}{12} - \dfrac{y^2}{3} = 1$$

ゆえに $y = \dfrac{1}{4}$

③より，$y = \dfrac{1}{4}$ のとき $x = -\dfrac{7}{2}$

よって，共有点の座標は $\left(-\dfrac{7}{2}, \ \dfrac{1}{4} \right)$

113B (1) $\begin{cases} 2x^2 - y^2 = 1 & \cdots\cdots ① \\ 2x - y + 3 = 0 & \cdots\cdots ② \end{cases}$

②より $y = 2x + 3$ $\cdots\cdots ③$

③を①に代入すると

$$2x^2 - (2x+3)^2 = 1$$
$$x^2 + 6x + 5 = 0$$
$$(x+1)(x+5) = 0$$

ゆえに $x = -1, \ -5$

③より，$x = -1$ のとき $y = 1$
　　　　$x = -5$ のとき $y = -7$

よって，共有点の座標 $(-1, \ 1), \ (-5, \ -7)$

(2) $\begin{cases} y^2 = 6x & \cdots\cdots ① \\ 3x + y - 12 = 0 & \cdots\cdots ② \end{cases}$

②より $x = \dfrac{-y+12}{3}$ $\cdots\cdots ③$

③を①に代入すると

$$y^2 = 6 \times \dfrac{-y+12}{3}$$
$$y^2 + 2y - 24 = 0$$
$$(y-4)(y+6) = 0$$

ゆえに $y = 4, \ -6$

③より，$y = 4$ のとき $x = \dfrac{8}{3}$
　　　　$y = -6$ のとき $x = 6$

よって，共有点の座標は $\left(\dfrac{8}{3}, \ 4 \right), \ (6, \ -6)$

114A $\dfrac{x^2}{9} + \dfrac{y^2}{4} = 1$ に $y = x + k$ を代入して整理すると

$$13x^2 + 18kx + 9k^2 - 36 = 0 \cdots\cdots ①$$

x の 2 次方程式①の判別式を D とすると

$$D = (18k)^2 - 4 \times 13 \times (9k^2 - 36)$$
$$= -144(k^2 - 13)$$
$$= -144(k + \sqrt{13})(k - \sqrt{13})$$

よって，楕円と直線の共有点の個数は，次のようになる。

$D > 0$ すなわち $-\sqrt{13} < k < \sqrt{13}$ のとき
　共有点は 2 個

$D = 0$ すなわち $k = -\sqrt{13}, \ \sqrt{13}$ のとき
　共有点は 1 個

$D < 0$ すなわち $k < -\sqrt{13}, \ \sqrt{13} < k$ のとき

　共有点は 0 個

114B $y^2 = 8x$ に $y = 2x + k$ を代入して整理すると

$$4x^2 + 4(k-2)x + k^2 = 0 \cdots\cdots ①$$

x の 2 次方程式①の判別式を D とすると

$$D = \{4(k-2)\}^2 - 4 \times 4 \times k^2 = -64(k-1)$$

よって，双曲線と直線の共有点の個数は，次のようになる。

$D > 0$ すなわち $k < 1$ のとき 　**共有点は 2 個**

$D = 0$ すなわち $k = 1$ のとき 　**共有点は 1 個**

$D < 0$ すなわち $k > 1$ のとき 　**共有点は 0 個**

115A 求める接線の傾きを m とすると，接線の方程式は点 $(4, \ 2)$ を通ることから

$$y - 2 = m(x - 4)$$

すなわち $y = mx - 4m + 2 \cdots\cdots ①$

①を $\dfrac{x^2}{8} - \dfrac{y^2}{4} = 1$ に代入して整理すると

$$(1 - 2m^2)x^2 + 8m(2m-1)x - 16(2m^2 - 2m + 1) = 0$$

この 2 次方程式の判別式を D とすると

$$D = 64m^2(2m-1)^2 + 64(1-2m^2)(2m^2-2m+1)$$
$$= 64(m-1)^2$$

直線①が放物線 $\dfrac{x^2}{8} - \dfrac{y^2}{4} = 1$ に接するのは，$D = 0$

のときであるから

$$64(m-1)^2 = 0 \ \text{より} \ m = 1$$

したがって，求める接線の方程式は，①より

$$\boldsymbol{y = x - 2}$$

115B 求める接線の傾きを m とすると，接線の方程式は点 $(3, \ 1)$ を通ることから

$$y - 1 = m(x - 3)$$

すなわち $y = mx - 3m + 1 \cdots\cdots ①$

①を $\dfrac{x^2}{12} + \dfrac{y^2}{4} = 1$ に代入して整理すると

$$(3m^2 + 1)x^2 - 6m(3m-1)x + 9(3m^2 - 2m - 1) = 0$$

この 2 次方程式の判別式を D とすると

$$D = 36m^2(3m-1)^2 - 36(3m^2+1)(3m^2-2m-1)$$
$$= 36(m+1)^2$$

直線①が楕円 $\dfrac{x^2}{12} + \dfrac{y^2}{4} = 1$ に接するのは，

$D = 0$ のときであるから

$$36(m+1)^2 = 0 \ \text{より} \ m = -1$$

したがって，求める接線の方程式は，①より

$$\boldsymbol{y = -x + 4}$$

2 節　媒介変数表示と極座標

23 媒介変数表示　　　　　　　　　p.87

116A (1)

t	-2	-1	0	1	2
x	4	3	2	1	0
y	-3	0	1	0	-3

第3章　平面上の曲線

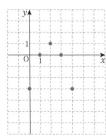

(2) $\begin{cases} x=2-t & \cdots\cdots① \\ y=1-t^2 & \cdots\cdots② \end{cases}$

①より $t=2-x$

これを②に代入して t を消去すると

$y=1-(2-x)^2$ より $y=-x^2+4x-3$

よって，**放物線 $y=-x^2+4x-3$** である。

116B(1)

t	-2	-1	0	1	2
x	-1	1	3	5	7
y	2	-4	-6	-4	2

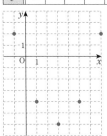

(2) $\begin{cases} x=3+2t & \cdots\cdots① \\ y=2t^2-6 & \cdots\cdots② \end{cases}$

①より $t=\dfrac{x-3}{2}$

これを②に代入して t を消去すると

$y=2\left(\dfrac{x-3}{2}\right)^2-6$ より $y=\dfrac{1}{2}x^2-3x-\dfrac{3}{2}$

よって，**放物線 $y=\dfrac{1}{2}x^2-3x-\dfrac{3}{2}$** である。

117A $y=x^2+6tx-1$ を変形すると

$y=(x+3t)^2-9t^2-1$

この放物線の頂点を $\mathrm{P}(x,\ y)$ とすると

$\begin{cases} x=-3t & \cdots\cdots① \\ y=-9t^2-1 & \cdots\cdots② \end{cases}$

①より $t=-\dfrac{x}{3}$

②に代入すると $y=-9\cdot\left(-\dfrac{x}{3}\right)^2-1$

すなわち $y=-x^2-1$

よって，頂点 P が描く曲線は

放物線 $y=-x^2-1$

117B $y=-2x^2+4tx+4t+1$ を変形すると

$y=-2(x^2-2tx)+4t+1$

$\qquad=-2\{(x-t)^2-t^2\}+4t+1$

$\qquad=-2(x-t)^2+2t^2+4t+1$

この放物線の頂点を $\mathrm{P}(x,\ y)$ とすると

$\begin{cases} x=t & \cdots\cdots① \\ y=2t^2+4t+1 & \cdots\cdots② \end{cases}$

①を②に代入すると $y=2x^2+4x+1$

よって，頂点 P が描く曲線は

放物線 $y=2x^2+4x+1$

118A(1) $x=\cos\theta,\ y=\sin\theta$

(2) $x=7\cos\theta,\ y=3\sin\theta$

118B(1) $x=\sqrt{5}\cos\theta,\ y=\sqrt{5}\sin\theta$

(2) $x=\cos\theta,\ y=2\sqrt{2}\sin\theta$

119A $x=\dfrac{3}{2}\pi-\sin\dfrac{3}{2}\pi=\dfrac{3}{2}\pi+1$

$y=1-\cos\dfrac{3}{2}\pi=1$

よって $\left(\dfrac{3}{2}\pi+1,\ 1\right)$

119B $x=2\left(\dfrac{5}{3}\pi-\sin\dfrac{5}{3}\pi\right)=\dfrac{10}{3}\pi+\sqrt{3}$

$y=2\left(1-\cos\dfrac{5}{3}\pi\right)=1$

よって $\left(\dfrac{10}{3}\pi+\sqrt{3},\ 1\right)$

24 極座標 p.90

120A

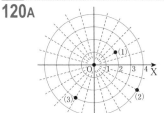

120B

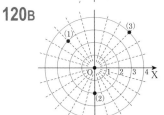

121A $\mathrm{A}\left(\sqrt{2},\ \dfrac{\pi}{4}\right)$

121B(1) $\mathrm{D}\left(\sqrt{2},\ \dfrac{7}{4}\pi\right)$

(2) $\mathrm{M}\left(1,\ \dfrac{\pi}{2}\right)$

122A(1) $x=2\cos\dfrac{\pi}{4}=\sqrt{2},\ y=2\sin\dfrac{\pi}{4}=\sqrt{2}$

よって $(\sqrt{2},\ \sqrt{2})$

(2) $x=8\cos\dfrac{3}{2}\pi=0,\ y=8\sin\dfrac{3}{2}\pi=-8$

よって $(0,\ -8)$

122B(1) $x=4\cos\dfrac{2}{3}\pi=-2,\ y=4\sin\dfrac{2}{3}\pi=2\sqrt{3}$

よって $(-2,\ 2\sqrt{3})$

(2) $x=2\sqrt{3}\cos\dfrac{7}{6}\pi=-3$

$$y = 2\sqrt{3}\,\sin\frac{7}{6}\pi = -\sqrt{3}$$

よって　$(-3, -\sqrt{3})$

123A $r = \sqrt{(2\sqrt{3})^2 + 2^2} = 4$

このとき

$$\cos\theta = \frac{2\sqrt{3}}{4} = \frac{\sqrt{3}}{2},\quad \sin\theta = \frac{2}{4} = \frac{1}{2}$$

$0 \leqq \theta < 2\pi$ において，これらをともに満たす θ は

$$\theta = \frac{\pi}{6}$$

よって，求める極座標は　$\left(4, \dfrac{\pi}{6}\right)$

123B $r = \sqrt{(-2)^2 + (2\sqrt{3})^2} = 4$

このとき

$$\cos\theta = \frac{-2}{4} = -\frac{1}{2},\quad \sin\theta = \frac{2\sqrt{3}}{4} = \frac{\sqrt{3}}{2}$$

$0 \leqq \theta < 2\pi$ において，これらをともに満たす θ は

$$\theta = \frac{2}{3}\pi$$

よって，求める極座標は　$\left(4, \dfrac{2}{3}\pi\right)$

25 極方程式　　　　　　p.92

124A

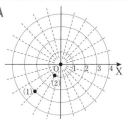

124B

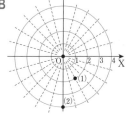

125A (1)　極方程式 $\theta = \dfrac{\pi}{6}$ は，極 O を通り，始線 OX と

のなす角が $\dfrac{\pi}{6}$ である直線を表す。

(2)　極方程式 $r = 1$ は，極 O を中心とする半径 1 の円を表す。

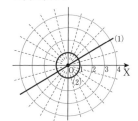

125B (1)　極方程式 $\theta = \dfrac{2}{3}\pi$ は，極 O を通り，始線 OX

とのなす角が $\dfrac{2}{3}\pi$ である直線を表す。

(2)　極方程式 $r = 2$ は，極 O を中心とする半径 2 の円を表す。

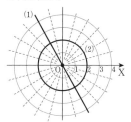

126A $r\cos\left(\theta - \dfrac{\pi}{3}\right) = 1$

126B $r\cos\left(\theta - \dfrac{\pi}{2}\right) = 2$

127A 右の図より

$$r = 6\cos\theta$$

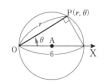

127B 右の図より

$$r = 2\cos\left(\theta - \dfrac{\pi}{2}\right)$$

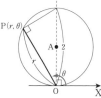

128A 与えられた曲線上の点 $P(x, y)$ の極座標を (r, θ)

とすると，$x = r\cos\theta$, $y = r\sin\theta$ であるから

(1)　$(r\cos\theta - 1)^2 + (r\sin\theta)^2 = 1$

$r^2\cos^2\theta - 2r\cos\theta + 1 + r^2\sin^2\theta = 1$

$r^2(\cos^2\theta + \sin^2\theta) - 2r\cos\theta = 0$

$r^2 - 2r\cos\theta = 0$

$r(r - 2\cos\theta) = 0$

よって　$r = 0$, $r = 2\cos\theta$

$r = 0$ は $r = 2\cos\theta$ に含まれるから，求める

極方程式は　　$\boldsymbol{r = 2\cos\theta}$

(2)　$(r\cos\theta)^2 - (r\sin\theta)^2 = -1$

$r^2\cos^2\theta - r^2\sin^2\theta = -1$

$r^2(\cos^2\theta - \sin^2\theta) = -1$

よって　$\boldsymbol{r^2\cos 2\theta = -1}$

128B 与えられた曲線上の点 $P(x, y)$ の極座標を (r, θ)

とすると，$x = r\cos\theta$, $y = r\sin\theta$ であるから

(1)　$(r\cos\theta)^2 + \dfrac{(r\sin\theta)^2}{4} = 1$

$4r^2\cos^2\theta + r^2\sin^2\theta = 4$

$r^2(4\cos^2\theta + \sin^2\theta) = 4$

よって　$\boldsymbol{r^2(3\cos^2\theta + 1) = 4}$

(2)　$(r\sin\theta)^2 = 6r\cos\theta + 9$

$r^2\sin^2\theta = 6r\cos\theta + 9$

$$r^2(1-\cos^2\theta)=6r\cos\theta+9$$
$$r^2=r^2\cos^2\theta+6r\cos\theta+9$$
$$\boldsymbol{r^2=(r\cos\theta+3)^2}$$

129A この曲線上の点 $P(r,\ \theta)$ の直交座標を $(x,\ y)$ とする。

(1) 与えられた極方程式の両辺に r を掛けると
$$r^2=8r\cos\theta+8r\sin\theta$$
$x=r\cos\theta,\ y=r\sin\theta,\ r=\sqrt{x^2+y^2}$ であるから
$$x^2+y^2=8x+8y$$
よって $\boldsymbol{x^2+y^2-8x-8y=0}$

(2) 与えられた極方程式の両辺に r を掛けると
$$r^2=4r\cos\theta$$
$x=r\cos\theta,\ r=\sqrt{x^2+y^2}$ であるから
$$x^2+y^2=4x$$
よって $\boldsymbol{x^2+y^2-4x=0}$

129B この曲線上の点 $P(r,\ \theta)$ の直交座標を $(x,\ y)$ とする。

(1) 与えられた極方程式の両辺に r を掛けると
$$r^2=2r\sin\theta-2r\cos\theta$$
$x=r\cos\theta,\ y=r\sin\theta,\ r=\sqrt{x^2+y^2}$ であるから
$$x^2+y^2=2y-2x$$
よって $\boldsymbol{x^2+y^2+2x-2y=0}$

(2) 与えられた極方程式の両辺に r を掛けると
$$r^2=-6r\sin\theta$$
$y=r\sin\theta,\ r=\sqrt{x^2+y^2}$ であるから
$$x^2+y^2=-6y$$
よって $\boldsymbol{x^2+y^2+6y=0}$

130A $r(2-2\cos\theta)=1$ より $2r=2r\cos\theta+1$
この曲線上の点 $P(r,\ \theta)$ の直交座標を $(x,\ y)$ とすると, $x=r\cos\theta,\ r=\sqrt{x^2+y^2}$ であるから
$$2\sqrt{x^2+y^2}=2x+1$$
両辺を2乗すると $4(x^2+y^2)=4x^2+4x+1$
よって $\boldsymbol{y^2=x+\dfrac{1}{4}}$

130B $r(2+2\sin\theta)=3$ より $2r=-2r\sin\theta+3$
この曲線上の点 $P(r,\ \theta)$ の直交座標を $(x,\ y)$ とすると, $y=r\sin\theta,\ r=\sqrt{x^2+y^2}$ であるから
$$2\sqrt{x^2+y^2}=-2y+3$$
両辺を2乗すると $4(x^2+y^2)=4y^2-12y+9$
よって $\boldsymbol{x^2=-3y+\dfrac{9}{4}}$

演習問題

131 $x-y+2=0$ より, $y=x+2$ ……①
$x^2-4y^2=1$ に①を代入して $x^2-4(x+2)^2=1$
展開して整理すると $3x^2+16x+17=0$
交点 $P,\ Q$ の座標を $(x_1,\ y_1),\ (x_2,\ y_2)$ とおくと,
線分 PQ の中点 M の x 座標は $\dfrac{x_1+x_2}{2}$

$x_1,\ x_2$ は2次方程式 $3x^2+16x+17=0$ の解であるから, 解と係数の関係より
$$x_1+x_2=-\frac{16}{3}\quad \frac{x_1+x_2}{2}=-\frac{8}{3}$$
また, 中点 M の y 座標は①より
$$y=-\frac{8}{3}+2=-\frac{2}{3}$$
よって, 求める中点 M の座標は $\left(-\dfrac{8}{3},\ -\dfrac{2}{3}\right)$

132 求める接線の方程式は, 傾きが $\dfrac{1}{2}$ であるから
$$y=\frac{1}{2}x+n\quad\cdots\cdots①$$
とおける。
これと $y^2=4x$ から y を消去して
$$\left(\frac{1}{2}x+n\right)^2=4x$$
展開して整理すると
$$x^2+(4n-16)x+4n^2=0$$
この2次方程式の判別式を D とすると
$$D=(4n-16)^2-4\times1\times4n^2=-128(n-2)$$
直線と放物線が接するのは $D=0$ のときであるから
$$-128(n-2)=0\quad より\quad n=2$$
したがって, 求める接線の方程式は
$$\boldsymbol{y=\frac{1}{2}x+2}$$

133 点 P の座標を $(x,\ y)$ とすると
$$PF=\sqrt{(x-2)^2+y^2},\ PH=\left|x-\frac{1}{2}\right|$$
$$\frac{PF}{PH}=2\quad より\quad PF=2PH$$
ゆえに $\sqrt{(x-2)^2+y^2}=2\left|x-\dfrac{1}{2}\right|$
両辺を2乗すると
$$(x-2)^2+y^2=4\left(x-\frac{1}{2}\right)^2$$
展開して整理すると
$$3x^2-y^2=3$$
すなわち, 求める軌跡は
$$\boldsymbol{双曲線}\ \ \boldsymbol{x^2-\frac{y^2}{3}=1}$$